日の本切手美女かるた

内藤陽介

日の本切手美女かるた

—目次—

「日本切手 美女かるた」の遊び方

「日本切手 美女かるた」は、明治以来、日本で発行された切手のうち、女性がデザインされたモノを48点選び、いろは47文字（＋ん）のそれぞれで始まる読み札をつけた〝かるた〟です。

読み札は、冒頭の〝い〟に関しては、僕が勝手に作った「犬も歩けば女も歩く」ですが、それ以外は、すべて、文学や演劇、歌舞音曲の歌詞、あるいは、それらの作者の証言などから文言を拝借しています。

〝かるた〟という語は、もともとはポルトガル語でカードを意味する〝ｃａｒｔａ〟に由来していて、初期の頃は、文字通り、カードを使った遊び全般を意味していたそうです。

たとえば、平成7年（１９９５）の文通週間に取り上げられた「松浦屏風」は寛永年間（１６２４～４４）に制作されたと考えられていますが、ここに描かれている〝かるた〟は、現在の感覚でいえば、トランプや花札のような遊び方となっています。

現在のように、読み手が読み札を読んで、床の上などに並べられた取り札の中から、読み札に対応する札を見つけて取っていくという遊び方は、トランプの神経衰弱の要領で二枚の貝殻をあわせる〝貝覆い（貝合わせ）〟から派生したと考えられており、元禄年間（１６８８～１７４０）に定着したとされています。さらに、幕末の嘉永年間（１８４８～５４）になると、いわゆる〝いろはがるた〟が関西で生まれ、江戸や尾張にも広まっていきました。

ところで、小倉百人一首のかるたの取り札は、歌の下の句が書かれているだけですから、ある程度、歌のことを知らないと、全く歯が立ちません。これは、もともと、小倉百人一首のかるたには、百人一首の歌を覚えるための教材としての性質があったためです。また、諺などを読み札とした〝いろはがるた〟も、もともとは遊びを通じて子供たちに読み札の内容を覚えてもらうことが目的でしたし、第二次大戦後、各地で作られた郷土かるたの類も、子供たちに郷土の文化や歴史を広く知って、覚えてもらうためのものでした。

そうした伝統を踏まえて、この『日本切手 美女かるた』も、切手を絵札にした〝いろはがるた〟を作ること

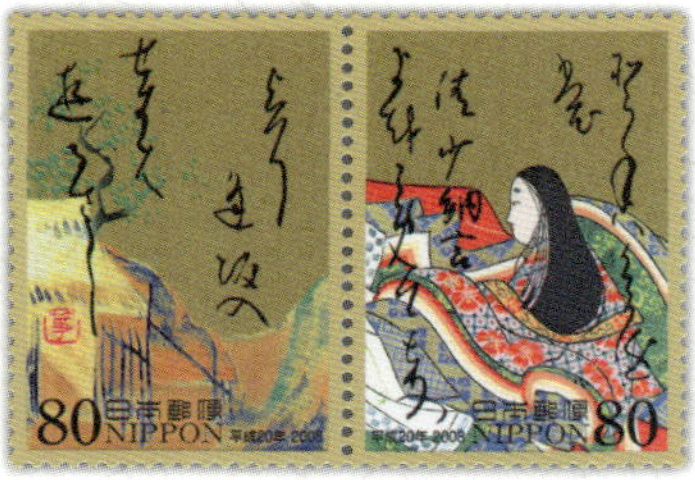

2008.7.23発行　ふみの日「清少納言」
C2040ef

＊切手名称の後ろのアルファベットと数字の組合せ（C○○○、R○○○、#○○○）は「さくら日本切手カタログ」「ビジュアル日本切手カタログ」「日本切手専門カタログ」のカタログナンバーです。

は　じ

で、日本の切手には、日本の文化や歴史、伝統などがさまざまな形で反映されていることを、一人でも多くの方に知っていただきたいと思っております。

　このため、読み札と取り札は、あえて、一見関係のなさそうな組み合わせを中心に選びましたので、それぞれの解説をじっくりお読みいただけると幸いです。

1995.10.6発行　国際文通週間「松浦屏風　かるた」C1534

　かつての日本切手では、存命中の個人が直接特定されるような人物切手は発行しないというのが不文律になっていましたが、近年は女優さんやスポーツ選手など、存命中の方の肖像もどんどん切手に取り上げられるようになっています。このため、「〝美女かるた〟にAさんを取り上げたのにBさんを取り上げないのは納得できない。内藤の審美眼はおかしいのではないか」とのお叱りを頂戴しても困りますので、今回は、原則として、存命中の個人をメインの題材として描いた切手は外すことにしました。今上陛下のご成婚の記念切手に取り上げられた妃殿下（当時）の御尊顔は、誰がなんと言おうと、日本の美女切手の最高峰だと僕は思っていますが、斯様な事情で、泣く泣く採用を見送っています。

　このほかにも、本来であれば取り札に取り上げて然るべきなのに、読み札とのマッチングの関係で取り上げられなかった切手も少なくありません。それらは、106～107頁の〝拾遺〟の項にまとめておきましたので、ご容赦ください。

　また、いろは47文字（＋ん）に対応させるためには、〝ゐ〟や〝ゑ〟の文字も使わねばなりませんので、読み札は原則として歴史的仮名遣いとしています。

　なお、解説の本文には古典からの引用も多いので、読んでいて疲れてきたという方のために、見開きごとにショート・コラムを設けております。どうぞ、お手つきをして1回休む感覚で一服なさってください。

　前置きが長くなりましたが、それでは、皆さんのご準備が整い次第、読み札を読み上げていきましょう。

　まずは、「犬も歩けば…」

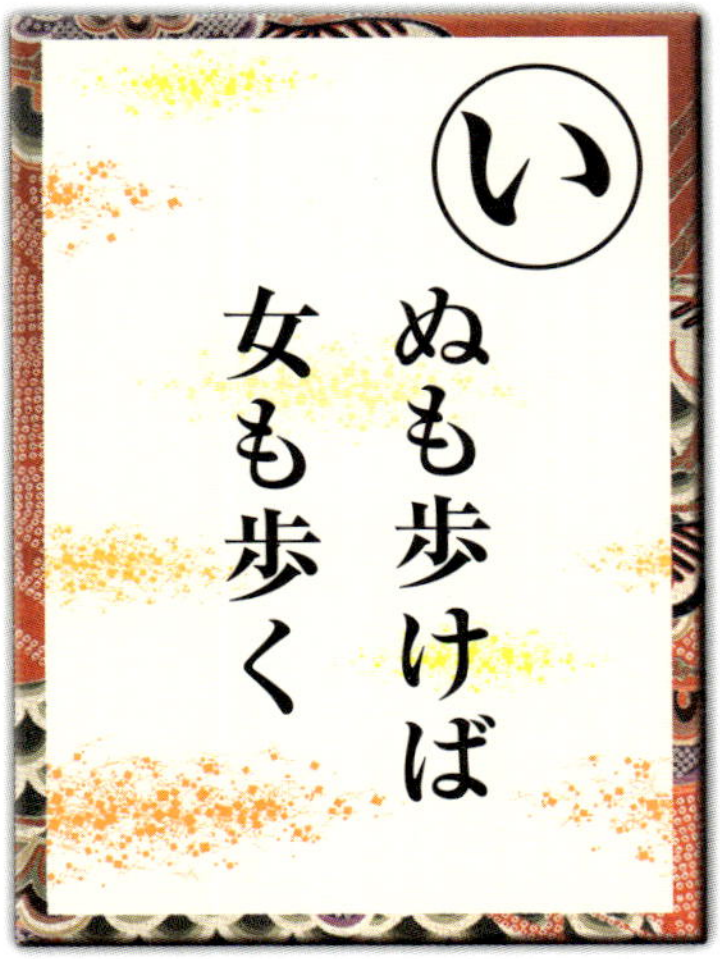

〝いろはがるた〟の初っ端は「いぬも歩けば棒にあたる」と決まっているが、イヌを連れて歩く美女といえば、彦根藩主・井伊家伝来の彦根屏風を取り上げた昭和51年（1976）の趣味週間切手が思い浮かぶ。屏風に描かれているのは、江戸時代初期、おおよそ寛永6〜11年（1629〜34）年頃の京都六条柳町の遊里の風景だ。

もともと、京の遊里は秀吉の時代の天正17年（1589）、二条柳馬場（柳町）に設けられた。京の二条は御所からも近い市内の中心部。当時の遊里は単に性欲を処理するだけの場所ではなく、財力と教養を備えた一流の男たちのみが通える最高級のサロンであり、流行の発信地であったから、町の中心にあっても、まぁ不思議はない。

ところが、質実剛健を旨とする家康はそれが気に入らなかったらしい。

関ヶ原の戦いに勝って伏見に入城すると、遊里は六条、つまり、当時の京都の南端に移された。西本願寺の巨大な伽藍が堀川六条に建立されたのは、そこに何もなかったからである。

もっとも、サロンとしての遊里へのアクセスが極端に悪くなれば京のエスタブリッシュメントたちの恨みを買う。そこで、六条とはいっても、メインストリートの室町通とぶつかるエリアの二町四方が六条柳町（五条と六条の間に道が三本あることから六条三筋町とも呼ばれた）として、新たな遊里となった。さらに、元和3年（1617）には京の各所に散在していた遊郭は、すべて、その周辺に集められた。

さて、屏風絵でイヌを連れて六条界隈を歩いている美女の頭は唐輪髷《からわまげ》だ。

唐輪髷は、当時の先進国、明の女性の髷に倣《なら》ったもので、髪を頭上でまとめていくつか輪を作り、根元の毛を巻きつけて結い上げたスタイル。信長・秀吉の時代に遊女が好んだ髪型である。後に時代が下ると女性の髷は普及するが、当時の女性は、右の切手の二人のように、ストレートに伸ばしたままというのが一般的だった。

また、彼女が連れているイヌは、和犬や中国の狆ではなく、毛の短い洋犬である。当時の日本は南蛮貿易が続いていたから、景気の良い豪商がなじみの遊女にポンとプレゼントしてやったということなのかもしれない。

どうでもいいことだが、かるたでは「犬も歩けば…」と〝犬〟の字を使うことが多いが、かつては大型のイヌを犬、小型のイヌを狗と書き分けていたから、彦根屏風の彼女が連れているのは狗で

い

1976.4.20発行　切手趣味週間「彦根屏風」
C718-719

ある。羊頭狗肉で食用になるのは狗だから、狗を連れた美女というのは、食欲と性欲を同時に満たす遊里にぴったりのモチーフじゃなかろうか。

ちなみに、彦根屏風が描かれた時代は、徐々に徳川幕府による風俗取締が厳しくなった時代で、数年後の寛永17年（1640）には、京の遊里は大宮六条の西に移された。六条は京都の南端、大宮通は西端だから、さらにその西ということは、完全に洛外だ。ここが現在の〝島原〟のルーツとなる。

唐輪髷の彼女が狗を連れて島原に移ったか、それとも、誰かに身請けされて花街を後にしたのか、その後の物語が少し気になる。

おてつきコラム　1回休み

粋人だったのは大老の養父

井伊家が彦根屏風を入手したのは、かつては、幕末の大老・直弼の時代とされていた。

勅許を得ずに欧米との不平等条約を調印した直弼については毀誉褒貶が激しかったため、明治に入ってから旧彦根藩有志により、彼の開港の功績を顕彰して横浜・掃部山に銅像を建てるなど名誉回復の動きが活発になった。その一環として、直弼は文化にも理解があり、彦根屏風を受け入れたという風説が流布されたのである。

1958.5.10発行「日本開港100年記念」井伊直弼の銅像　C274

しかし、実際の直弼は禁欲的な性格で、彦根屏風のような華美な雰囲気を好まなかった。むしろ、直弼の養父で一代前の藩主・直亮《なおあき》は洗練された趣味人で、書画骨董の収集にも熱心だったことから、実際には、彼が入手したと考えるのが妥当であろう。

江戸いろはかるたの「論より証拠」の絵札は藁人形だ。これは、馬琴の『開巻驚奇侠客伝《かいかんきょうききょうかくでん》』で、お家騒動の渦中、正室に呪いをかけていた側室が、自分のしたことを否認したものの、証拠の藁人形が出てきて観念するという場面が元になっているらしい。

夜の間に、誰にもわかるまいと思ってやらかしてしまったことが、後に白日の下にさらされて赤面した経験のある人は多いと思うが、平安時代の仏教説話集『日本霊異記《にほんりょういき》』には、その極め付きともいうべき話が収録されている。

聖武天皇の御世、和泉国泉郡の血渟《ちぬ》の山寺に吉祥天の像があり、それを、信濃国の修行者がお守りしていた。

〝吉祥天〟は、もとはヒンドゥー教の最高神・ヴィシュヌの妻で美と豊穣と幸運を司る神が仏教にとりいれられたものだから、その像も多くは美女である。この修行者も、いつしかこの吉祥天像に恋してしまい、一日六度の勤行のたび「吉祥天のように美しい女性を私に与えてください」と祈っていた。

すると、ある日、修行者の夢の中に吉祥天そっくりの女が現れ、彼は喜び勇んで彼女を抱いた。朝になり、目覚めた彼がいつものように吉祥天の像を詳しく拝すると、腰の辺りが汚れてい

ろ
1975.4.22発行　新動植物国宝
1972年シリーズ「吉祥天立像」
＃447
NIPPON
日本郵便
1000

た（原文では〝淫精染み穢れ〟とある）。まさに〝論より証拠〟である。

修行者は大いに驚き、深く恥じ入りながら言った。

私は天女様に似た女性が欲しいと願っただけでしたのに、どうして、かたじけなくも天女様御みずから私と交わってくださったのですか。

当然、修行者本人はこのことを秘密にしていたが、いつしか噂が広まり、多くの野次馬が件の像を見に寺に押し掛けたという。

この話、『日本霊異記』では「諒《まこと》に委《し》る、深く信ずれば感応せずということなきことを　是れ奇異しき事なり」と解説されていて、「人間は強く信じればなにごともかなう」というポジティヴなエピソードとして大真面目に記録されているのがクスリとさせられる。

ところで、物語の舞台となった聖武天皇の御世と言えば、国宝シリーズにも取り上げられた「薬師寺吉祥天」がすぐに思い浮かぶが、『日本霊異記』の文章を読んでいると、どうも、件の吉祥天は2次元の絵画ではなく、3次元の立体だったらしい。そうなると、時代は下るが、1000円切手に取り上げられた浄瑠璃寺の吉祥天立像のイメージに近いのかもしれない。

浄瑠璃寺は京都府木津川市加茂町にある真言律宗の寺院で、平安時代の永承2年（1047）、当麻（現・奈良県葛城市）の僧・義明上人が薬師如来を本尊として創建したといわれている。

切手の吉祥天立像は、鎌倉時代の建暦2年（1212）に作られたもので、袖口から出た白い手の柔らかい感じなどは、なんとも官能的な雰囲気をかもし出している。現在、この像は期間限定で公開される秘仏だが、『日本霊異記』の修行者だったら、非公開の期間中は、夢の中での〝御開帳〟を願ってひたすら祈り続けそうな出来栄えだ。

国宝にこそ指定されていないものの、日本の仏教彫刻を代表する一体と評されるのも十分にうなずける。

1回休み　おてつきコラム

薬師寺吉祥天

吉祥天の像として最も有名な“薬師寺吉祥天”は、国宝としての正式名称を“麻布著色吉祥天像《まふちゃくしょくきちじょうてんぞう》”という。

一見、通常の美人画のようにも見えるが、頭部の背後に光背（後光）があるので仏画とわかる。天平時代の典型的豊頬美人として描かれており、モデルは持統天皇とも光明皇后（聖武天皇の后）ともいわれている。芸術的な価値もさることながら、麻布に描かれた独立画像としては日本最古の彩色画として資料的にも価値が高い。なお、薬師寺では毎年1月1日から7日まで、および15日に、切手に取り上げられた絵を本尊として金堂薬師三尊像の御宝前に祀っている。

1968.2.1発行　第１次国宝シリーズ　第２集　「薬師寺吉祥天」C490

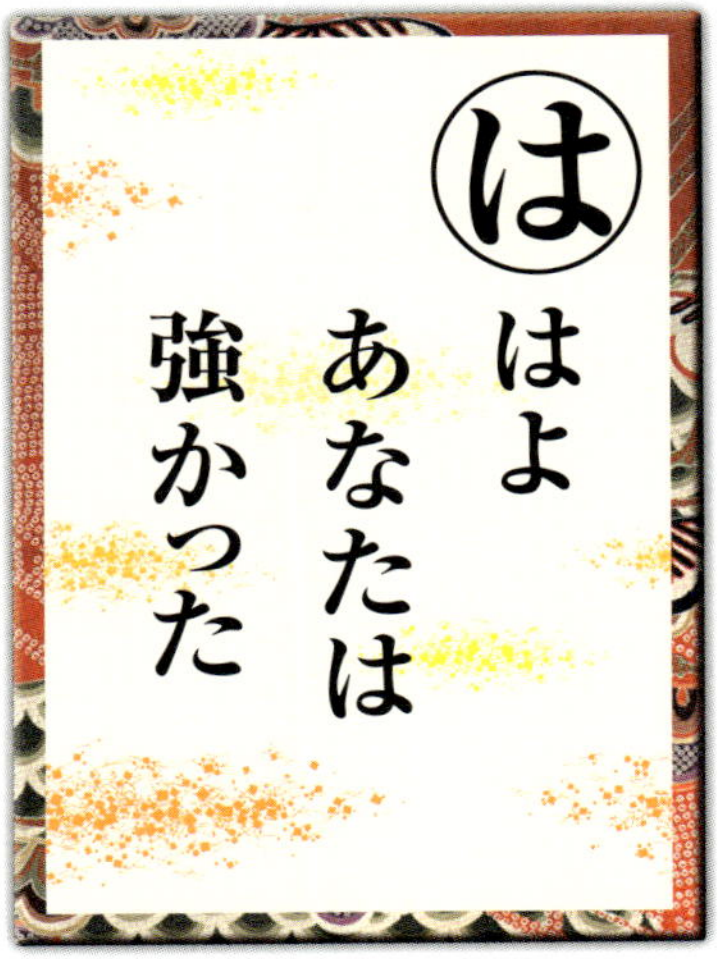

もともとは、昭和14年（1939）にコロムビアレコードから発売された戦時歌謡「父よあなたは強かった」（福田節作詞、明本京静作曲）をもじった言い方である。

僕が子供の頃は、「戦後強くなったのは女と靴下だ」と言っている大人たちが大勢いたが、太古の昔から、いざという時には女性の方が強かった。

作家・渡辺淳一は「男は女々しいもの」というエッセイで、男はもともと〝未練がましくひ弱な生き物〟であって、一般に、女性の方が精神的に強く、痛みや出血にも強くできていて、寿命は男性より長いと指摘しているが、たしかに、中小企業が倒産して債権者が押し掛ける場面などでは、それまで威勢の良かった社長のおじさんが急にオロオロしたり、シュンとしてしまったり情けないことこの上ないのに対して、専務の〝おかみさん〟はどっしり構えていることが多い。

元ネタにあたる「父よあなたは強かった」の歌がいつしか忘れられ、そのパロディにあたる「母よあなたは強かった」が残ったのは、そちらの方が事実だったからにほかならない。

そうしたことを念頭に「日本国憲法施行」の記念切手を見ていただこうか。

昭和22年（1947）5月3日の「日本国憲法」施行に合わせて記念切手を発行すべく、逓信省は「記念切手発行の意義をより広く一般に認識させるため」として切手図案を公募。50日余の募集期間に、1万2348点もの作品

おてつきコラム 1回休み

南朝鮮の“解放切手”は親子3人

昭和20年（1945）の日本敗戦に伴い、朝鮮半島は北緯38度線を境に米ソが分割占領した。このうち、米軍政下の南朝鮮では、1946年5月1日、“いわゆる解放切手”が発行された。

切手はデザイナーの金重鉉がソウルで作成した原画をもとに、日本の印刷局でシートを印刷し、ソウルで目打の穿孔作業が行われた。

旧宗主国で「日本国憲法施行」の記念切手が発行される1年ほど前の切手だが、こちらの“家族”には、しっかりと父親も描かれている。

“解放”ということで意気揚々と太極旗を掲げている父親だが、上記のような事情から、切手の銘版にはしっかりと「大日本帝國印刷局製造」の文字が入っているのは何とも皮肉な話である。

韓国　1946年

いろはにほへとちりぬるを

は

1947.5.3発行　「日本国憲法施行記念」
母と子と国会議事堂
C102

が寄せられた。

その中から、1等に選ばれたのは中尾龍の「議事堂に鳩を配して平和の表現を主張した図案」だったが、審査委員会の席上、中尾の作品は当時の封緘葉書の料額印面に似ているとの理由で、一部委員から物言いがつき、1等でありながら不採用という珍事となった。

結局、2等の3作品（堀本正親の「花束」、大越秀男の「議事堂と門扉」、釜谷市太郎の「幼児を抱いた婦人と議事堂」）のうち、堀本と釜谷の作品が切手図案に採用されることとなり、大越作品はポスター図案に採用された。

このうち、釜谷の作品は、洋画家・木下孝則によって原作の女児を男児に改めるなどの修正を経て、昭和22年5月3日に切手として世に出たわけだが、修正を担当した木下にも〝父親〟を加えるという発想はなかったようだ。

フツーに考えれば、〝平和な家族〟のイメージには父親がいるのが自然な姿だと思うのだが、そうならなかったのは、闇市で食料を調達し、ベビーブームの子供を育てながら、必死になって生活を支えていたのは、敗戦のショックですっかり腑抜《ふぬ》けになってしまった男たちではなく、女たちだったという現実があったからなのだろう。あるいは、ただ単に、切手のモデルとなった母子の夫なり父親なりは、現実には、まだ復員していなかったか、あるいは戦死してしまったのかもしれないが。

ちなみに、昭和12年（1937）に米国で発明されたナイロン製のストッキングが日本で発売されたのは昭和27年（1952）年のことだから、切手の彼女は、まだストッキングをはいていない。

やはり、靴下よりもずっと前から女性の方が強かったのである。

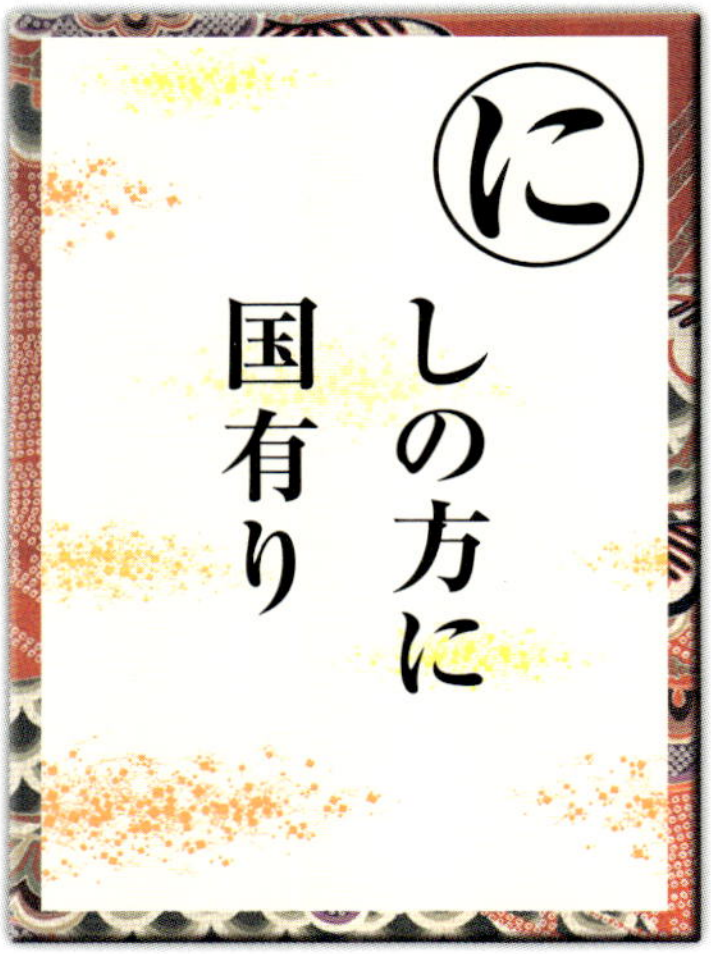

記紀神話に登場する神功皇后《じんぐうこうごう》の三韓征伐の物語は、皇后の夫、仲哀天皇が九州南部の豪族、熊襲を征討しようとした際に、シャーマンの術にすぐれていた皇后に神の御託宣が下ることから始まる。

その神託の冒頭が表題の一句で、以下、「金銀を本と為《し》て、目の炎耀《かがや》く種種《くさぐさ》の珍しき寶《たから》、多《さは》に其の国に在り。吾今其の国を帰《よ》せ賜はむ」と続く。

ところが、天皇は「西方に金銀財宝の豊かな国がある。それを服属させて与えよう」という神託を信じなかったため、神の怒りにふれて急死。そこで、天皇の葬儀を終えた後、皇后は誉田別命《ほむたわけのみこと》（後の応神天皇）を身ごもったまま、住吉三神を守り神として軍船を整えて新羅に遠征し、百済・高句麗ともどもこれを平定して凱旋した。

明治の世では、皇后の三韓征伐や、その後、百済から多くの人々が渡来して日本に学問・技術などを伝えたことは「神功皇后の御てがらに基づきしなり」と『尋常小学国史』でも教えられていた。

ただし、明治28年（1895）に日清戦争に勝利するまでの大日本帝国は、自分たちが朝鮮半島を支配できるとは考えていなかったから、当初は神功皇后に関しても、三韓征伐の軍事的な成功というより、西方から富と技術をもたらした文明開化の先駆者というイメージの方が強かったはずだ。

明治11年（1878）、イタリア出身のお雇い外国人、エドアルド・キヨッソーネは印刷局の女性職員をモデルに、紙幣の原画として西洋の貴婦人を思わせる容貌の神功皇后の肖像を描いたが、当時の日本社会には、それを違和感なく受け入れる雰囲気があった。じっさい、キヨッソーネの神功皇后像は好評で、明治10年代には何度も紙幣に採用された。

その後、明治20年代に入り、行き過ぎた欧化主義に対して国民の批判が強まると、彼女の肖像も紙幣から外され、菅原道真、武内宿禰、藤原鎌足、和気清麻呂など、歴史上の天皇の忠臣が紙幣に登場するようになる。

ところが、明治41年（1908）、神功皇后は突如切手の顔に復活した。

すでに明治38年（1905）、第2次日韓協約で韓国の外交権を接収し、韓国を保護国化していた日本は、明治40年（1907）のハーグ密使事件（ハーグの万国平和会議に韓国皇帝の密使が現れて韓国の独立を訴えた

に

1908.2.20発行　旧高額切手
#119

事件）を口実に韓国皇帝を退位させ、その内政権も手中に収めていた。
　キヨッソーネの手になる神功皇后像が切手において復活したのも、こうした時代背景の下で、あらためて、伝説の三韓征伐のヒロインとしての彼女の存在にスポットライトがあてられたからにほかならない。
　切手の額面は5円と10円で、主に電信・電話の加入登記料・使用料・通話料等の支払いに用いられた。
　当時の書状基本料金は3銭だから、5円切手の場合、その約167倍。現行の82円との単純比較では1万3694円になる。なるほど、切手は精緻な凹版印刷が美しく、彼女の美貌とも相まって、その額面にふさわしい逸品といえよう。

おてつきコラム　1回休み

考古学的考証を経た神功皇后像

1924・12・1発行　新高額切手
#210

　大正12年（1923）9月の関東大震災で印刷局が罹災し、旧高額切手の原版が焼失したため、翌大正13年（1924）12月1日、神功皇后という題材はそのままに、デザインを変更した“新高額切手”が発行された。
　皇后の髪型が変わったのは、皇后が出征前にその成否を占った際、海水に髪を浸して髪が二つに割れるという吉兆が出たため、そのまま髪を結って船に乗り込んだという『日本書紀』神功皇后巻の記述に合わせたものである。また、肖像の周囲には、古墳の壁画などに見られる直弧紋《ちょっこもん》と呼ばれる文様も配されている。
　こうした変更について、逓信省は「考古学的考証を加えたため」と説明しているが、そのために彼女が不美人になったのは残念だ。

ほ

とけには値《あ》い
たてまつること
得難し

1977.1.20発行　第2次国宝シリーズ
第2集　「平家納経」
C732

ほ

日本語で感謝を示す表現の〝ありがとう〟は、もともとは〝有り難し〟、すなわち、〝滅多にない〟という意味だ。

〝滅多にない〟ことと感謝の気持ちが結びつくようになった由来については諸説あるが、『妙法蓮華経（以下、法華経）』の『妙荘厳王本事品《みょうしょうごんのうほんじほん》（以下、厳王品）』第27の盲亀浮木《もうきふぼく》の物語が引かれることが多い。

物語は、浄蔵、浄眼の二人の王子と、浄徳夫人の三人が、外道の父・妙荘厳王を法華経に帰依させるという内容のもの。ここでいう〝外道〟とは古代インドの民族宗教であるバラモン教とその信徒のこと。もともと、仏教はバラモン教を否定することから出発したから、法華経の立場でも、彼らに対しては非常に攻撃的である。

王子たちは、仏（の教え。ここでは特に法華経を指す）と出会うことはきわめて難しい（＝値いたてまつること得難し）としたうえで、それは、三千年に一度しか咲かない〝優曇波羅華《うどんはらげ》（優曇華《うどんげ》とも）〟という花を見ることや、大海の底深くに住んでいる片目の亀が、百年に一度だけ水面に浮かび出て、大海に浮かぶ木の穴に頭を入れることと同じくらいの確率であると説明する。

そのうえで、王子たちは「幸い私た

日の本切手
美女かるた

ちは、仏法にめぐり会うことができ、こんな嬉しいことはない」と発言して父親を説得。父親も改心して仏法に帰依し、ついには菩薩となるという展開である。

ところで、第2次国宝シリーズの切手に取り上げられた『平家納経』の絵が、この物語をモチーフにしているということを知っている収集家は、盲亀浮木ほどではないにせよ、決して多くはないのではあるまいか。

『平家納経』は、願文1巻、法華経28巻等33巻からなり、長寛2年（1164）、平清盛が一門を率いて厳島神社に奉納したものといわれている。金銀の優美な金具をつけた表紙と見返しに経典の内容にふさわしい文様や絵が加えられ、さらに本紙にも金銀の切箔や野毛（細長く切った切箔）を散らすなどの意匠が凝らされており、装飾経の最高傑作のひとつとされている。

さて、切手に取り上げられているのは厳王品の見返し部分で、平安時代の代表的な美人である引目鉤鼻の二人の貴婦人が左上方からたなびく金色に向かって合掌している様子が描かれているが、これは、二人の女性を信仰篤い二人の王子、浄蔵と浄眼に見立てた作画である。

そして、オリジナルの『平家納経』では、盲亀浮木の故事を踏まえて、添景として甕（亀）、水に浮かぶ経巻（浮き木）などの絵模様も配されているのだが、その部分は切手ではトリミングでカットされてしまっている。

印面の構図を考えれば、仕方のないことではあるのだが、この結果、切手を見ただけでは、法華経の教えが骨抜きにされ、ただ単に十二単の女性が二人描かれているだけにしか見えないのは、いささか残念なことである。

「佛には値いたてまつること得難し」という法華経の言葉は、どうやら、現代にもそのまま通じるということらしい。

おてつきコラム 1回休み

三女神を祀る厳島神社

『平家納経』が奉納された厳島神社の創建は推古天皇（在位593-628）の時代とされるが、現在の社殿は、毛利元就（1497-1571）の改築したものが元になっている。

社殿の中心は本社（祭神は市杵島姫命《いちきしまひめのみこと》、田心姫命《たごりひめのみこと》、湍津姫命《たきつひめのみこと》の宗像三女神）と摂社客神社《せっしゃまろうどじんじゃ》（本社の主神に従う外来の神を祀る社）で、本社は本殿・拝殿・祓殿《はらへどの》（厄除けなどの神事を行う殿舎）・高舞台・平舞台などからなり、摂社客神社の本殿・拝殿・祓殿は本社の東にある。両社の間には回廊がめぐらされており、昭和切手に取り上げられた大鳥居は重要文化財。

1988.6.23発行 第３次国宝シリーズ 第４集 「厳島神社」 C1193

第３次国宝シリーズの切手に取り上げられているのは、摂社客神社の祓殿で、背後の五重塔も重要文化財である。

へ　ら増しは果報持ち

年上の女性を妻にすると良いことがあるという趣旨の言い回しはいくつかあるが、そのうちの一つが「箆《へら》増しは果報持ち」。

ここでいう箆は、ご飯をよそうヘラ（杓文字《しゃもじ》）のことで、家庭内でヘラを握っているのは妻であることから出た言葉らしい。ちなみに、妻が夫より一歳年上であれば一箆、二歳年上なら二箆…という表現もある。

日本切手にもゆかりの深い人物でいえば、この言葉が最もあてはまるのは、二箆の夫婦だった伊東深水ではないかと思う。

深水は、明治31年（1898）、東京市深川区西森下町（現・江東区森下）の生まれ。生後まもなく、伊東半三郎・まさ夫妻の養子となったが、幼少時に養父が道楽に走って失業し、一家離散。明治40年（1907）、小学校を中退し、看板屋の小僧として働きはじめた。

その後、東京印刷株式会社での活字工を経て、明治44年（1911）、本社の図案部研究生となり、図案部長・秋田桂太郎の紹介で鏑木清方に入門した。師の清方は、幼くして苦労を重ねてきた深水の境遇に深く同情し、夜学に通うことを勧め、画塾の月謝を免除して深水を支援し、彼もこれに応えて精進を重ねた。

その結果、早くも明治45年（1912）には『のどか』が第十二回巽画会《たつみがかい》展で初入選を果たし、以後、毎年のように受賞を続け、新進画家として知られるようになった。

そして、大正5年（1916）、『乳しぼる家』で第3回院展に入選。この頃から、本格的な木版画の普及を目指す新版画運動にも参加している。

そんな深水が、二歳年上の永井好子と結婚したのは大正8年（1919）のこと。二人は東京府荏原郡大井町南浜川（現品川区南大井）に新居を構えた。

昭和49年（1974）の趣味週間切手にも取り上げられた「指」は、結婚から3年が過ぎた大正11年（1922）、平和記念東京博覧会に出品して2等銀牌を受賞した作品。ちなみに、このときの1等金牌は堂本印象の「猫」だった。

「指」は、南浜川の自宅庭先で、黒い絽の着物で竹の床几に座り、湯上りに夕涼みをしている妻の好子を描いた作品。題名からしばしば誤解されるが、彼女が見ているのは指そのものではなく、左手の薬指にはめられた結婚指輪である。ただし、切手の小さな印面では、肝心の指輪が全く見えず、作者の意図が伝わってこないのが残念である。

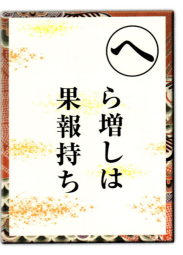

1974.4.20発行　切手趣味週間「指」
C658

へ

作品は、輪郭線のない〝朦朧体〟を効果的に使って、色白で豊かな姿態の妻を情感あふれる趣に表現することに成功し、官能的で甘美な世界を作り上げた。世に言う〝深水式美人画〟の確立である。

その後も、深水は好子をモデルとした作品を数多く発表したが、その反面、彼の美人画にあまりにも人気が集まったため、美人画以外の注文が全くなく、画家として困惑する時期もあったという。

こうして、好子を描くことで美人画の第一人者としてその名をとどろかせた深水だったが、プライベートでは、料亭の女将・勝田麻起子を愛人として子供（タレントの朝丘雪路）を産ませるなど、必ずしも妻一筋というわけではなかった。妻の好子が、結果としてそれを許したのは、やはり二箆の貫録ゆえか。

1回休み　おてつきコラム

深水の吹雪

深水には“傘美人”の作品が多いが、特に、吹雪は好みの画題だったようで、「吹雪」という名の作品は、主要なものだけでも次のようなものがある。

- 昭和7年(1932) 東京国立近代美術館（近代美術シリーズ）
- 昭和17年(1942) 名都美術館
- 昭和21年(1946) 駿府博物館（平成24年・文通週間）
- 昭和21年頃 西宮市大谷記念美術館
- 昭和22年(1947) 西宮市大谷記念美術館

なお、近代美術シリーズの「吹雪」はほぼ全体像を取り上げているが、文通週間切手の「吹雪」は横型の印面に合わせて、トリミングされた画面構成になっている。

1983.1.24発行
近代美術シリーズ
第15集　「吹雪」
C938

2012.10.9発行　国際文通週間「吹雪」　C2131

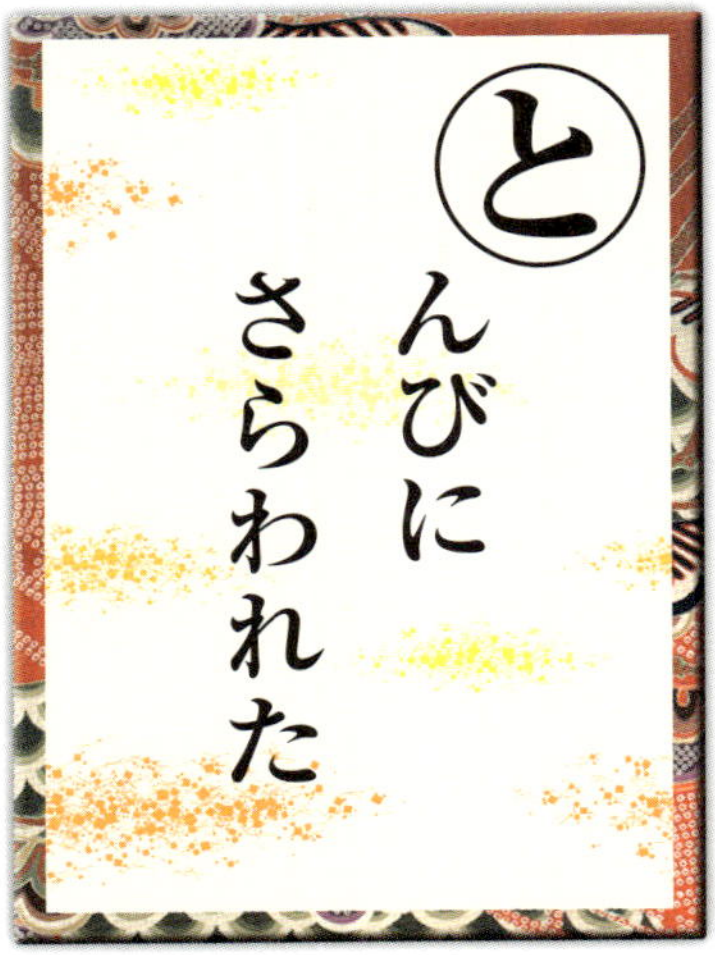

将軍が徳川家治の時代、明和（1764〜71）の頃のことである。

江戸は谷中の笠森稲荷門前に「鍵屋」という茶屋があった。茶屋の娘、お仙は宝暦元年（1751）の生まれで、浅草の浅草寺境内の楊枝店《ようじみせ》（化粧品店）「本柳屋」のお藤と並び称される美女として、史書にもその名を残している。

若き日の大田南畝《おおたなんぽ》が舳羅《ちくら》山人のペンネームで刊行した『売飴土平伝《うりあめどへいでん》』には「阿仙阿藤優劣弁《おせんおふじゆうれつのべん》」という一文があり、それによれば、お仙は「琢《みが》かずして潔《きれ》いに、容《かたち》つくらずして美なり」、要するに、スッピンでそのまま美しい「地物《じもの》の上品」。一方のお藤は化粧上手でお洒落な「玉のような生娘」。世間では両者の甲乙つけがたかったが、王子稲荷大明神の御託宣でお仙の勝となったというのがオチである。

じっさい、お仙の評判は大変なもので、鍵屋には彼女目当ての客がわんさか訪れた。南畝先生いわく「美目《めもと》の艶《しな》、往来を流し目にす。将に去らんとして去り難し」、「十目の見る所、十手の指す所　一たび顧みれば、人の足を駐《と》め、再び顧みれば、人の腰を抜かす」とのこと。彼女が往来をちらっと見たら、もう他所へはいけないし、彼女が振り向けば男たちは歩みを止め、もう1回振り向けば腰を抜かすというのだ

1957.11.1発行　切手趣味週間「まりつき」
C269
と

から、笠森稲荷に来た男たちは、その気はなくとも鍵屋に寄ってしまうということだったのだろう。

それほどのお仙だったから、浮世絵にも描かれ、芝居にも登場したほか、次のような手まり歌にも歌われて、その美貌は江戸中にとどろき渡った。

向う横町のお稲荷さんへ
壱銭上げてちゃっと拝んで
お仙の茶屋へ
腰を掛けたら渋茶を出して
渋茶よこよこ横目で見たらば
米の団子か土の団子かお団子団子
この団子を犬にやらうか
猫にやろうか
到頭《たふとう》鳶にさらわれた

歌詞に〝米の団子か土の団子か〟とあるのは、笠森稲荷では、願をかける時にはまず土の団子を供え、それが成就してお礼参りをするときは米の団子を供える風習があったことを踏まえたものだ。

もっとも、手まり歌の主人公にしてみれば、参拝はあくまでもお仙を見に行くための口実だから、団子だって本当はどうだっていい。現代風に言うならば、アイドルとの握手券欲しさにCDを何百枚も買うのと同じようなものかもしれない。そうこうしているうちに、団子は油揚げよろしく鳶にさらわれていったというわけだ。

なお、お仙は20歳の時、御庭番衆の倉地政之助に嫁いでいった。当時の江戸の男たちからすれば、倉地はとんだ鳶だろうが、後に彼は幕府の金庫を管理する払方御金奉行にまで登りつめているから、鳶ではなく鷹と呼ぶのが相応しい。

さて、お仙の絵を好んで描いた浮世絵師、鈴木春信には、昭和32年（1957）の趣味週間切手にも取り上げられた「まりつき」という小品がある。この絵に描かれている少女はお仙ではないが、毬をつきながら、彼女がお仙の歌を口ずさんでいた可能性は大いにある。

1回休み　おてつきコラム

毬と鞠

ボールという意味でのマリにまつわる切手は、国体切手などのスポーツ切手が中心となるが、昭和切手に取り上げられた藤原鎌足もマリにゆかりの人物として外せない。すなわち、『日本書紀』によれば、中大兄皇子（後の天智天皇）が法興寺で鞠を打った際に、皇子が落とした履を中臣鎌足が拾ったことをきっかけに2人は親しくなり、それが“大化の改新”につながったとの逸話がある。なお、もとの漢字の意味でいうと、鞠は革製、毬はウールのものだが、次第に両者の区別は曖昧になった。ちなみに、春信の作品には「まりつき」以外にもマリが登場するものがあり、革製ではないが、鞠の字があてられていることが多い。

1939.7.21発行　昭和切手
「藤原鎌足」　#238

ちいさな奇麗な
鳥見たいな
やうなもの

黒田清輝が、10年にも及ぶパリ遊学を終えて帰国したのは、明治26年（1893）7月末のことだった。

帰国後、洋画家仲間の久米桂一郎を伴って京都へ出かけ、そのまま11月中旬まで逗留して、気の向くままにスケッチを行う日々を過ごした。この時、清輝27歳。

出身地の鹿児島から東京に出て、さらに10代のうちにフランスに渡って生活してきた清輝にとって、初めて目にする京都の風物は、エキゾティックな魅力にあふれたものと映った。

この時の体験について、清輝は作家・編集者の大橋乙羽のインタビューに応えて、次のように語っている。

京都に行って出遇《でく》はした風俗は、まるきり知らない風俗で、西洋で読んだ西洋人が日本に旅をした時の日記が、今更思ひ当つて、それは吃驚《びっくり》しました。どう云ふ点で吃驚しましたと言へば、風俗が東京と違つて居る、京都に来て始めて日本と云ふ一風変つた世界の、外に在る様な珍らしい国に来た様な心持がしました。先づ旅人として第一番に見物したのは円山から祇園町でした。其処で其祇園町の舞子抔に至つては天下無類ですねへ。実に奇麗なものだと思ひました。西洋人が日本の女は小さな奇麗な鳥見たいなやうなものだと云ひますが、成程奇麗な触はつたら壊れさうな一つの飾物だと思ふ。何しろ珍らしくてたまらない様な感じが起つた。直に此の不思議な人間の写

1回休み　おてつきコラム

幻に終わった鴨川の芸術橋

鴨川とフランスの関係では、いわゆる芸術橋問題が記憶に新しい。平成8年(1996)、京都を訪問したフランスのシラク大統領は桝本賴兼市長との会談で、平成10年(1998)の日本におけるフランス年および京都市＝パリ市友情盟約締結40周年にあわせて、セーヌ川のポンデザール(芸術橋。1978年のフランス美術切手にも描かれている)を模した橋を鴨川に架けることを提案した。しかし、これには、新たな観光名所の創設を歓迎する賛成派と、新たな橋は景観を損ねるとの反対派の市民が対立。フランス紙『ル・モンド』も計画への批判記事を掲載するなどの騒動となり、結局、平成10年に京都市は計画を撤回。鴨川の“芸術橋”は幻に終わった。

フランス　1978年

1980.5.12発行　近代美術シリーズ
第6集　「舞妓」
C847
ち
黒田清輝
NIPPON
日本郵便
50

生を始めました。

こうして、彼が京都で描き上げた作品の一つが、近代美術シリーズにも取り上げられた「舞妓」である。

舞妓のモデルとなったのは小野亭の〝小ゑん〟、画面の右に後姿で描かれているのが仲居見習の〝まめどん〟だ。

小野亭は、縄手新橋上ルにあったお茶屋だが、外国人の客も積極的に受け入れていたため、〝一見さんお断り〟の風習が根強い京都では、格下の扱いだった。もっとも、フランス帰りの京都初心者だった清輝にとっては、それがかえって居心地良かったかもしれない。ちなみに、芝居で有名な『モルガンお雪』のモデルとなった雪香（本名、加藤ユキ）は、小野亭の座敷で、米国の大富豪モルガン家の二男ジョージに見初められ、明治37年（１９０４）、当時4万円という莫大な身請け金で落籍され、嫁いでいった。

さて、清輝の「舞妓」は、鴨川に面した窓辺に座る小ゑんが、近づいてきたまめどんに話しかけられて応えようとする瞬間の表情をとらえた作品だ。

人工美の極致ともいうべき舞妓の姿は、まさに〝小さな奇麗な鳥見たいなやうなもの〟であり〝奇麗な触はったら壊れさうな一つの飾物〟だが、そうした日本の美を、西洋人と同じ目線で生写してみせたのが、この絵の眼目である。

背景の鴨川の明るさと逆光の中の小ゑんとまめどん、明暗の諧調と鮮明な色彩の対比は、そのまま〝印象派〟の世界を思わせるが、日本の伝統的な美意識から疎遠なところで、本格的な西洋の美術教育を受けた清輝でなければ、決してなしえなかった仕事といってよい。

りんごによく似た かわいい娘《こ》

　終戦直後の焼け跡・闇市の映像が流れるときのBGMといえば、なんといっても「リンゴの唄」が定番である。

　その「リンゴの歌」を取り上げた〝私の愛唱歌シリーズ〟の切手の原画はイラストレーターの灘本唯人《なだもとただひと》が制作したもので、郵政省の報道資料によると「歌詞に登場する女性をイメージし、その女性が赤いリンゴにささやいている様子を爽やかに描いて」いるという。

　ただし、「リンゴの唄」の歌詞（サトウハチロー作詞）では、歌に登場する女性については2番に「あの娘《こ》よい子だ　気立てのよい娘　リンゴによく似た　かわいい娘」とのフレーズがあるものの、具体的な身体的特徴を示す記述は何もない。ただ〝リンゴによく似た〟とあるので丸顔ではあったのだろう。また、栄養事情の悪かった当時のことゆえ、〝リンゴによく似た〟という表現には血色がよいというイメージも込められていたのかもしれない。

　「リンゴの唄」は、終戦から2ヵ月もたっていない昭和20年（1945）10月10日に公開の映画『そよかぜ』の挿入歌で、レコードとしては同年12月14日に録音されたものが昭和21年（1946）1月に市場に出た。発売されたレコードは霧島昇と並木路子のデュエット歌唱だが、現在、一般に映像などで使われるのは、12月14日以前に録音された並木の独唱バージョンである。

　灘本の描いた女性は白地にカラフルな模様の入ったブラウスを着ているが、「リンゴの唄」が世に出たのは昭和20年の秋冬の時期で、多くの女性はまだモンペ姿に地味な服装だった。なにより、衣替えがきちんと行われていた時代ゆえ、時季的に半袖はありえない。ただし、昭和21年の夏ごろになると、ブラウスにスカート姿もしくはワンピースが一挙に増えてくる。また、戦中のまとめ髪から、髪を垂らしてパーマをかける（またはカールする）女性が増えてくるのは昭和21年の秋以降のことだ。

　こうしたことから勘案すると、切手の女性は昭和21年晩夏・初秋のイメージとみることも可能かもしれない。

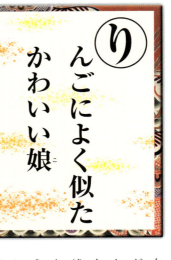

　「リンゴの唄」は、冒頭の歌詞「赤いリンゴに　口びるよせて」が有名なので、郵政省の報道発表中の「女性がささやいている」との説明には違和感を覚える向きもあるかもしれないが、これは、3番の歌詞「朝のあいさつ　夕べの別れ　いとしいリンゴに　ささやけば」を踏まえてのものと解釈できる。

　なお、この部分に続いて「言葉は出さずに　小くびをまげて　あすもまた

り

1998.11.24発行　わたしの愛唱歌シリーズ
第7集　「リンゴの唄」
C1619

ネと　夢見顔」との歌詞があるが、この場合の主語は、前後の文脈からすると(木になった)リンゴであって、女性ではない。したがって、切手の女性が首を傾けているのは、原画作者・灘本の誤読か、あるいは、歌詞とは無関係に視覚的効果を狙った演出だろう。

なお、「リンゴの唄」の1番には「だまってみている青い空」との歌詞があり、戦後プロ野球の天才打者、大下弘はこの部分が気に入って青バットを使い始めたという逸話がある。大下の青バットは、川上哲治の赤バットと共に、終戦直後のヒーローの象徴だったわけで、その意味では、切手の背景は、やはり〝青い空〟にしてほしかった。

おてつきコラム　1回休み

リンゴの切手

わが国に西洋リンゴがもたらされたのは、幕末の文久年間(1861-63)に越前藩主の松平春嶽《まつだいらしゅんがく》が欧米から渡来したリンゴの苗木を越前と江戸の屋敷に植えたのが最初と考えられている。明治7年(1874) 11月、大蔵省勧業寮は各国から輸入した果物の苗木を全国に配布を開始。明治8年(1875)3月には青森県にもリンゴの苗木3本がもたらされた。また、同年、弘前市の東奥義塾の英語教師ジョン・イングは教え子らにリンゴをふるまった。こうした経緯から、青森県では昭和49-50年(1974-75)の2年間、“りんご100年”の各種行事を開催。昭和50年9月のりんご資料館開館と県庁構内の記念碑の除幕に合わせて、記念切手も発行された。

1975.9.17発行「りんご100年記念」C706

ぬ

ばたまの妹が黒髪今夜《こよひ》もか

昭和44年（1969）の趣味週間切手は、小林古径の「髪」を取り上げて、日本最初の本格的なヌード切手として当時大いに話題となった。

もっとも、題名にある通り、この絵の最大の見どころは、女性の乳房ではなく髪である。

古径は、明治16年（1883）、新潟市の生まれ。明治45年（1912）の第6回文展に出品した「極楽の井」が出世作となった。

大正11年（1922）に渡欧し、翌大正12年（1923）、大英博物館で「女史箴図巻《じょししんずかん》」を模写することで、作者である顧愷之《こがいし》の技法、高古遊糸描《こうこゆうしびょう》（春蚕吐糸《しゅんさんとし》ともいう）をマスターする。

高古遊糸は〝気高く古風なカゲロウ（のような）〟の意味、春蚕吐糸は〝春の蚕が吐く糸（のような）〟の意味。どちらも、柔らかく連綿として絶えない線を均一に描く技法である。

「髪」は、この技法を最大限に駆使した作品で、昭和6年（1931）、第18回院展に出品された。現在は、近代日本を代表する傑作の一つとして、重要文化財にも指定されている。

作品は、湯上りの姉の髪を妹が梳くという日常の題材を描いたもので、古径未亡人の通《つう》が語ったところによると、古径は家政婦の女性を着衣のまま座っ

ぬ

1969.4.20発行　切手趣味週間「髪」
C531

日本切手美女かるた

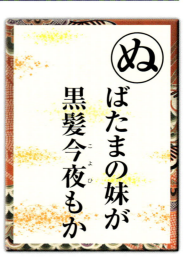

た姿で写生し、それを元に、半裸の作品を仕上げたという。ただし、顔に関しては、古径の二人の娘がモデルだ。なるほど、乳房を露わにしている姉の姿を見ても（少なくとも僕は）全く劣情を刺激されないが、これも父親の視線で描かれたからだと考えれば大いに得心がいく。

方寸の切手ではわかりづらいが、「髪」の最大の見どころは、高古遊糸描により、髪の毛を1本ずつ、筆を重ねて描くことで表現された黒髪の美しさにある。だから、実際にこの作品を見たとき、僕は枕詞の〝ぬばたまの〟を思い出した。

〝ぬばたま〟はヒオウギ（アヤメ科アヤメ属の多年草）の黒い実のことで、そこから〝ぬばたまの〟は、夜や髪など〝黒〟を連想させる言葉を導く枕詞となった。枕詞に〝ぬばたまの〟が使われている歌は無数にあるが、古径の「髪」に合わせるなら、『万葉集』巻11・2564番の「ぬばたまの 妹が黒髪今夜もか わが無き床に靡《なび》けて寝らむ」はどうだろう。

万葉の時代の女性は、平安時代ほどではないが、それでも、背中ぐらいまで黒髪を伸ばし、それを結いあげていた。夜になって寝るときは、一人寝の場合には結い上げを解いて束ねたが、男と共寝するときは、束ねずにそのまま靡かせた。したがって、一人寝の女が髪を靡かせているのは、要するに男を待っているというサインである。

2564番の歌は「彼女は今夜も、私のいない寝床で黒髪を靡かせて寝ているのだろうか」というほどの意味となろうが、〝詠み人知らず〟の歌ゆえ、二人の実際の関係はよくわからない。

「髪」の主役である古径の娘は、この後、ほぼ確実に髪を靡かせて一人で床に就くのだろうが、あるいは、彼女に恋い焦がれた近所の学生が、勝手に膨らませた妄想の中で2564番の歌を口ずさんでいるというのは、昭和初めの日本なら、十分にありそうな気もするのだが。

おてつきコラム 1回休み　顧愷之

古径が範とした顧愷之(344-05)は中国・東晋時代の画家。無錫（現江蘇省）の出身で、唐代以降は名画の祖として尊ばれたが、オリジナルの作品はすべて失われ、模写しか伝えられていない。このうち、原図を最もよく伝えているとされるのが、「洛神賦図」（北京故宮博物院）と「女史箴図巻」（大英博物館）で、前者は、2005年に中国で10種連刷の切手として発行された。

中国　2005年

る
りも玻璃も照らせば光る

瑠璃は青色の宝石ラピスラズリの和名。玻璃は仏教用語で七宝の一つとされる水晶のこと。どちらも光を当てれば美しく光ることから、良い素質や才能をもっていればどこにいても目立つものだ、ということの比喩として使われる。

この言葉で僕が思い出すのは、『源氏物語』宇治十帖の「橋姫」だ。

光源氏の異母弟・八の宮は、かつては冷泉院の次の春宮《とうぐう》(皇太子)候補だったが、その話は立ち消えになり、本人には何の非もないのに、世間から疎まれる存在になっていた。また、彼には大君《おおいぎみ》と中《なか》の君《きみ》の二人の娘がいたが、妻は中の君を産んですぐに死亡。俗世に関心を失った八の宮は出家を考えるが、幼い娘を育てなければならない。次第に家臣も去り、生活も不如意になっていく中で、彼は娘を育てながら、仏道の勤行に励んでいた。

その後、八の宮の邸宅は火事で焼けてしまい、一家はやむなく宇治の山荘に移り住むが、都を離れたことで、ますます世の中からは忘れられていく。

一方、宇治には八の宮と交流のある阿闍梨《あじゃり》がいた。阿闍梨は冷泉院にも進講しており、折に触れ宇治の様子を院に話した。院のそばで控える薫(光源氏の正妻・女三の宮と柏木の不義の子)は、そこから八の宮のことを知り、興味を持つ。

阿闍梨の仲介を経て、宇治に赴き八の宮に会った薫は、その人徳にすっかり感服し、以後、宇治へと通うようになった。

それから三年後のある秋の日、薫が八の宮の山荘に近づくと、箏と琵琶の優美な演奏が聞こえてきた。屋敷の者に尋ねると、そもそも、八の宮は二人の娘がいることを公にはしておらず、客人があるときは彼女たちも楽器を弾かないが、誰もいないときには、このように演奏を楽しんでいるという。

興味を惹かれた薫は、しばらく物陰に潜んで姉妹の演奏を聴いていたが、その顔は良く見えない。そこへ、月明かりが射し込み、中の君は「扇ならで、これしても、月は招きつべかりけり(扇でなくて、いま手にしている琵琶の撥でも月を招きよせていいのね)」という。『和漢朗詠集』にある「月重山に隠れぬれば、扇をあげて之を喩ふ」を踏まえた物言いだ。

〝『源氏物語』一千年紀〟の記念切手に取り上げられた「橋姫」は、この場面を取り上げたもので、オリジナルの絵巻物では画面の右側に描かれた薫は、切

る

2008.9.22発行 「源氏物語」一千年紀 「橋姫」
C2042a

手ではトリミングでカットされている。

月明かりに照らされた中の君の顔は「いみじくらうたげに 匂ひやかなるべし(たいそう可愛らしくつやつやしているのであろう)」、大君の顔は「今少し重りかによしづきたり(中の君よりももう少し落ち着いて優雅な感じがした)」。

こうして、田舎に埋もれさせておくには惜しい風情の姉妹に、薫は心惹かれていく。

なお、切手を見ると、中の君の装束には、一部、群青色の岩絵の具が使われているようにも見える。あるいは、この色は、ラピスラズリから作られた瑠璃色の岩絵の具によるものかもしれない。

仮にそうだとすると、月の光に照らされて、都の誰も知らなかった彼女たちの美貌が明らかになるというストーリーと、瑠璃が照らされて光ったことがリンクしたことになって面白い。

1回休み おてつきコラム

飛鳥美人の瑠璃色

瑠璃色の顔料は、ラピスラズリを粉砕し、精製して作られるもので、西洋では聖母マリアのローブの色としてしばしば用いられてきた。日本ではきわめて高価なものだったが、高松塚古墳の壁画の一部にも瑠璃が使われていることが、最近の科学調査(分光スペクトルの分析)により明らかになった。

瑠璃の顔料は、青龍に用いられているほか、いわゆる飛鳥美人の群像でも、黄色の上衣の女性(画面左)の腰紐部分や、緑色の女性(画面右)の裳(スカート)の縞の一部などに使われているという。

当時の日本では、瑠璃はごく一部の限られた特権階級しか使うことができなかったから、その点でも、高松塚古墳の被葬者の生前の地位の高さがうかがえる。

1973.3.26発行 高松塚古墳保存基金 「西壁女子群像」 C621

㊔とこはてゝれ　女《め》はふたのもの

〝をとこ〟は旧仮名遣いで男の仮名書き。〝てゝれ《ててれ》〟は襦袢とも褌ともいわれる。〝ふたのもの〟は漢字で〝二布〟とも書き、腰巻のことだ。

木下長嘯子《ちょうしょうし》（勝俊）が詠んだ歌「夕顔のさける軒ばの下涼み　をとこはてゝれ女はふたのもの」は、下着姿の楽な格好の男女が寛いで夕涼みする情景を歌ったものだが、作者の生涯を知ると、なかなかに重い内容である。

長嘯子は秀吉の正室ねね（高台院）の甥で、木下家定の嫡男として永禄12年（1569）に生まれた。天正15年（1587）、播磨国龍野城を与えられ、小田原征伐や文禄の役に参加。文禄3年（1594）、若狭国後瀬山城8万石を与えられた。

関ヶ原の戦いでは、東軍に属し伏見城の守備を任されたが、実弟の小早川秀秋らが指揮する西軍に攻められて城を脱出。妻のうめは、そのふがいなさに呆れて離縁し、家康からは敵前逃亡の責を問われて封地を没収され、剃髪して京都東山の霊山《りょうざん》に隠居した。

隠居後、京都東山に叔母の高台院が開いた高台寺の南隣りに挙白堂を営み、そこで寛永17年（1640）まで和歌を詠み続けた。歌人としての長嘯子は秀歌を数多く残し、芭蕉をはじめ当時の俳人歌人にも大きな影響を与えたとされる。慶安2年（1649）没。

貧しくても、家族とのんびりと夕涼みをして過ごす幸せがあっても良いじゃないかという歌の大意は、幸せの〝青い鳥〟は実は身近にあったという童話にも通じるところがある。あるいは、8万石の城持ち大名から、妻に逃げられ、ほとんど無一文の身に転落した長嘯子だからこそ、万感の思いを込めて詠むことのできた風景だったのかもしれない。

その長嘯子から半世紀ほど後に生まれて死んだ久隅守景《くすみもりかげ》（生没年不詳）は、この歌をモチーフに、第2次国宝シリーズに取り上げられた「納涼図」を描いた。

若き日の守景は、狩野探幽門下の四天王とも称され、探幽の姪・国を娶った。

国との間に生まれた一男一女は、いずれも父を継いで絵師になったが、寛文12年（1672）頃、息子の彦十郎は悪所通いの不行跡などが原因で破門。さらに、罪を得て佐渡に遠島となった。

一方、娘の雪信は同じ狩野門下の塾生と駆け落ち。後に彼女は京都に出て当代一の閨秀画家として成功するが、家には戻らなかった。さらに、守景本人も師の作品を声高に批判したことで事実上の破門となってしまう。

その後、守景の才を惜しんだ加賀の前田藩に招かれ前田家の菩提寺の障壁画など、金沢で絵を描いて過ごした。

守景の人生も、長嘯子ほどではないにせよ、前半と後半の落差が激しく、それゆえに、長嘯子が詠んだ「夕顔の～」の歌の世界を絵筆で再現しようと思い立ったに違いない。

さて、「納涼図」に描かれている男は守景自身、隣の女は彼について金沢まで下った妻の国がモデルとみるのが自然だろう。逆境にあっても女房に逃げられなかったという点では、長嘯子よりも守景の方に救いがある。

彼女の白く柔らかい肌を細く流暢な線で描ききった技量はさすがだが、女が変に美人に描かれていないのも、妙にリアリティがあり、〝隣の奥さん〟風の色気が感じられて味わい深い。

を

1978.3.3発行　第２次国宝シリーズ
第８集「納涼図」
C743

おてつきコラム　1回休み

長襦袢

1988.4.19発行
切手趣味週間「長襦袢」 C1222

下着ないしは部屋着姿で寛いで涼を取る女性の姿としては、「納涼図」のほかに、昭和63年（1988）の趣味週間切手に取り上げられた鳥居言人《とりいことんど》の「長襦袢」を挙げたい。長襦袢は、和装で肌に直接触れる肌襦袢と長着（着物）の間に着る。現在では一般的に用いられるが、江戸時代には、着丈の短い半襦袢が正式の襦袢で、長襦袢は遊郭で遊女が部屋着に近い使い方をするもので、良家の子女は着用しなかった。言人の「長襦袢」は昭和４年（1929）の作品。長着と足袋も脱ぎ、団扇を持って長襦袢一枚で寛ぐ女性の艶姿を描いた版画だが、基本構図はそのままに、同じタイトルで長襦袢の模様、色、背景などを変えた5つのヴァージョンが制作されている。

美女アスリート

古代ギリシャ彫刻の時代から、男女を問わず、アスリートたちの鍛え上げられた肉体が美しいのは周知の事実。近年、日本の女性アスリートは世界でも活躍目覚ましいが、その筋肉の躍動が感じられる切手をピックアップしてみた。

2000.1.21.　20世紀シリーズ　第5集　アムステルダム五輪銀メダリスト・人見絹枝（陸上）　C1731h

1973.10.14.　第28回国体記念　陸上競技と犬吠埼灯台　C627

1971.10.24.　第26回国体記念　テニスと潮岬灯台にウメ　C597

2000.9.1. ふるさと切手富山版　第55回国体　バドミントン選手と立山連峰　R425

1962.10.10.　オリンピック東京大会募金　第３次 フェンシング　C355

1997.9.12.　第52回国体記念　シンクロナイズドスイミング　C1599

1947.10.25.　第２回国体記念　飛び込み　C112

1980.10.11.　第35回国体記念　アーチェリー競技と男体山　C865

1995.9.28.　スポーツ世界選手権大会（柔道・体操）記念　柔道　C1530

1956.10.28.　第11回国体記念
バスケットボール　C259

1960.10.23.　第15回国体記念　跳馬　C323

1964.6.6.　第19回国体記念　平均台　C410

1999.9.27.　ふるさと切手大阪版　スポーツパラダイス（第23回世界新体操選手権）　R354

1955.10.30.　第10回国体記念　マスゲーム　C251

2001.9.7.　ふるさと切手宮城版　第56回国体バレーボール選手とミヤギノハギ　R512

1995.9.28.　スポーツ世界選手権大会（柔道・体操）記念　体操　C1531

1968.10.1.　明治100年記念・第23回国体記念　女子体操にスイセンと東尋坊　C521

1954.8.22.　第９回国体記念　卓球　C245

1982.10.2.　第37回国体記念　卓球競技と国体モニュメント　C933

1949.1.27.　第４回国体記念　スケート　C142

1977.3.1.　世界フィギュアスケート選手権大会記念　女子シングル　C745

2001.4.3.　ふるさと切手大阪版　スポーツパラダイス大阪2001　ボウリング　R469

1998.6.22.　ふるさと切手静岡版　第９回世界女子選手権　ソフトボール　R246

昭和54年（1979）10月25日から31日までの7日間、国際産科婦人科連合の東京大会が開かれ、106の国と地域の代表、約5000名が参加した。

これは昭和54年の国際会議としては最大規模だったが、記念切手の題材として一般にはなじみの薄いものであったことは否めない。この点について、当時の郵政省切手室長は雑誌『郵趣』の取材に応じ、次のように説明している。

そういう見方もできますが、たとえば10月の産科婦人科連合大会なんかは、100ヵ国以上から約6000（ママ）人が参加するんです。そうすると、外国人にも「この切手はあのときの会議のだな」とわかっていただけるわけですね。切手の持つ1つの役割として、たとえなじみが薄くとも、こういう記念切手は発行することが要求されるわけなんです。

とはいえ、実務担当のデザイナーとしては、切手発行の名目になじみがなければ作業もやりづらかったに違いない。

はたして、会議初日の10月25日、女性の横顔と胎児を組み合わせたデザインの記念切手が発行されたが、色調が地味だったこともあり、収集家の評判は必ずしも芳しいものではなかった。

ところが、原画を担当した久野実によると、この切手の女性は歌手のジュディ・オングをイメージして描いたもので、彼女のファンだった本人としてはお気に入りの1枚なのだという。

ジュディ・オング（台湾名：翁倩玉）

1回休み　おてつきコラム

子守唄

「お眠りなさい」ということであれば、よりストレートなのが、「魅せられて」の発売から2年後の昭和56年（1981）2月9日に発行の「子もり歌」だ。「ねんえんころりよ」で始まる「子もり歌」はわらべ歌として古くから伝えられてきたが、学校の音楽教材としては、昭和16年（1941）の国民学校初等科教科書『ウタノホン・上』に『コモリウタ』として収録されたのが最初である。

切手の原画は日本画家の森田曠平が制作したが、女性の持っている太鼓に関して、日本雅楽協会会長の押田良久から「歌詞に登場する“でんでん太鼓”は雅楽の舞に使う“ふり太鼓”の俗称で、太鼓は二つなければおかしい」とのクレームがついている。

1981.2.9発行　日本の歌シリーズ
第8集「子もり歌」　C868

日本切手美女かるた

わ

1979.10.25発行「第９回国際産科婦人科連合大会記念」　女性と胎児
C834

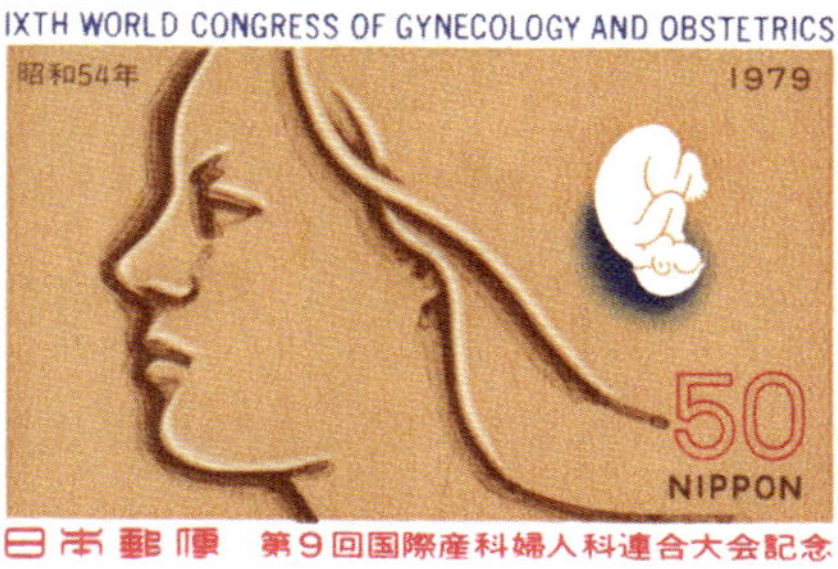

は、昭和25年（１９５０）、台北生まれの女優・歌手で、２歳の時に来日した。昭和36年（１９６１）、子役として映画デビューを果たし、昭和41年（１９６６）には日本コロムビアより「星と恋したい」で歌手デビューした。昭和47年（１９７２）、日本が台湾と断交し、大陸中国と国交を結ぶと、日本国籍を取得し、芸能活動を続けている。

歌手としての彼女の代表作「エーゲ海のテーマ～魅せられて」は、切手が発行された昭和54年２月25日の発売。曲名の通り、エーゲ海を舞台に女の情を歌った曲で、歌詞にも〝Wind is blowing from the Aegean（風はエーゲ海から吹いてくる）〟との一節がある。この曲で彼女は白いドレスを身にまとっており、上記の英語詞の部分の直前で両手を広げると、裾から手首まで袖が扇状に広がる演出となっている。そして、サビの締めの部分では両手でスタンドマイクを包み込むようにして「私の中でお眠りなさい」と歌う。これはインパクトが強烈で、当時、大いに話題になった。

「魅せられて」は年間で１２３万枚以上を売り上げる大ヒット曲となり、昭和54年のレコード・セールスで、渥美二郎の「夢追い酒」に次ぐ第２位になった。特に、同年４月16日付で週間１位となってから９週連続で１位を維持。５～６月の２ヵ月間は月間１位となった。ちょうど、デザイナーの久野が記念切手の原画を作るべく呻吟していた時期である。

毎日、テレビに出てくるジュディ・オングを見て「私の中でお眠りなさい」という歌詞を聞いていた久野が、そこから、母体の中で眠る胎児の姿をイメージしたとしても、それはそれで自然の成り行きといえそうだ。

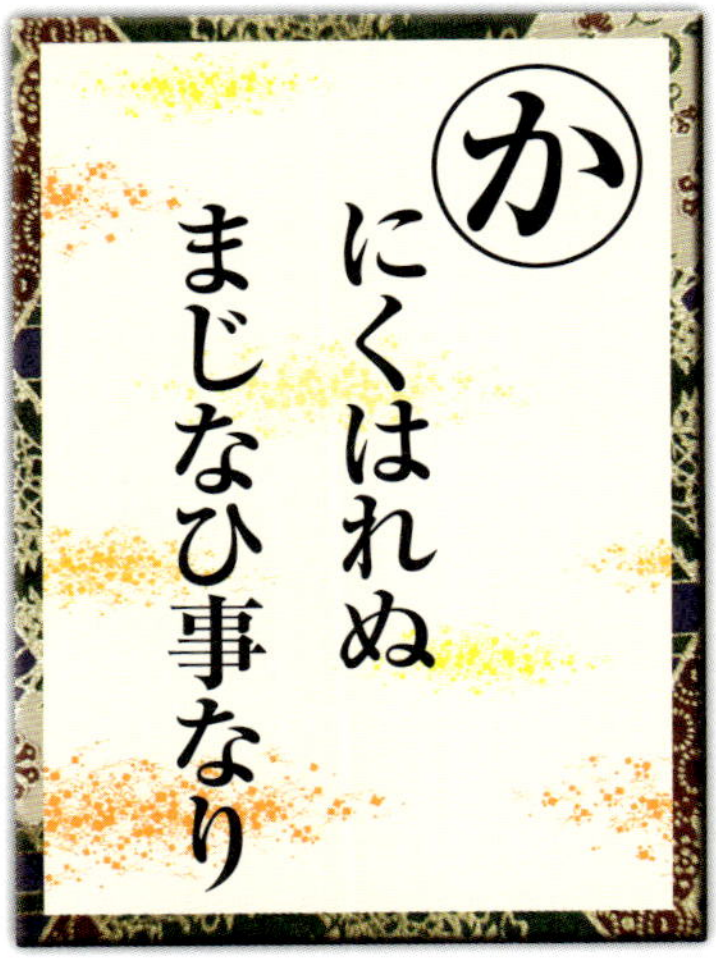

正月の羽根つきは、もともとは、中国明代に行われていた銅銭をつけて錘《おもり》とした羽根を蹴る遊びが、室町時代に日本に伝来したのが起源といわれている。

室町時代後期の碩学、一条兼良が天文13年（1544）に著した『世諺問答《せいげんもんどう》』には、正月に子供が羽根つきを行うようになった起源について「これはおさなきもの、、蚊にくはれぬまじなひ事なり」と説明している。

兼良によると、秋のはじめに、病気を媒介する蚊を食べる虫としてトンボが出てくるが、木連子《むくろじ》の種子に3枚の羽根をつけると、そのトンボに似ている。これを板で突くと、羽が落ちる様子はとんぼ返りのようで、蚊をよけるまじないになったのだという。

兼良の説の真偽はともかく、江戸時代には年末に邪気除けとして羽子板を贈っていたし、羽根に使う木連子は〝無患子（子が患わない）〟と書くことがあり、羽根つきや羽子板に縁起物としての意味があったことは間違いない。

そうした縁起物の羽根つきは、昭和23年（1948）12月13日に発行された戦後最初の年賀切手にも取り上げられている。

年末の12月15日から一定の期間、年賀状を一般の郵便物と区別して取り扱う年賀郵便制度は明治39年（1906）11月に制定された。この年末年始に取り扱われた年賀状の数は全国でおよそ四億通といわれている。

その後、関東大震災の起こった大正12年（1923）末と大正天皇が崩御された昭和元年（1926）末の中断を除き、年賀状の取り扱い数は年々増加していったが、昭和12年（1937）7月にいわゆる日中戦争が始まると非常時ゆえに年賀状を自粛すべきとの空気が急速に広まり、昭和15年（1940）には戦時下の虚礼廃止を理由に年賀郵便の特別取扱そのものが廃止されてしまった。

戦後、この制度が復活するのは昭和23年（1948）12月15日のことで、羽根つきをする少女を描く年賀切手は、これに合わせて発行されたものだ。少女の振袖は松竹梅をあしらったもので、ふっくらとした丸顔におかっぱ頭が、いかにも時代を髣髴とさせてほほえましい。

原画作者の日置勝駿の意識の中では、戦後の混乱した世相の中では、邪気除けの羽根つきこそが、復活第一弾の年賀切手の題材として最もふさわしいという意識があったのかもしれない。

ちなみに、終戦直後、南方から多く

か

1948.12.13発行　昭和24年用
年賀切手「羽根つき」
N4

の旧日本兵が引揚げてくると、それに伴って、日本国内でも蚊が媒介するマラリアやデング熱が流行したから、一条兼良の言うように〝蚊にくはれぬまじなひ〟として羽根つきの切手が発行されたというのであれば、結果的に、時宜にかなっていたことになる。

平成26年（2014）夏、わが国では終戦の年の昭和20年（1945）以来、ほぼ70年ぶりに、東京・代々木公園を中心にデング熱が流行して騒動になった。代々木公園と言えば、毎年、初詣の参拝客数ランキングで1位になる明治神宮のすぐ隣なのだから、これを契機に、今後、松の内には〝蚊にくはれぬまじなひ〟という由来を説明して、大々的に羽根つき大会を開催するのも悪くないと思うのだが…。

2012.11.1発行　平成25年用年賀はがき「いろどり年賀」　NC182

1回休み　おてつきコラム

押絵の羽子板

“押絵”は、もともとは貴族の娯楽として、衣類の残り布を材料に屏風、香箱などを装飾するものだったが、江戸時代になると庶民にも普及した。人気役者の舞台姿などを押絵の技法で作って片面に貼りつけた押絵羽子板が作られるようになるのは、文化・文政年間（1804-30）のことである。毎年12月17-19日に東京・浅草の浅草寺で行われている羽子板市は、もとは“歳の市”として雑多なモノが売られていたが、明治半ばから羽子板が主となり、終戦後まもない時期から“羽子板市”の名前が定着。平成25年(2013)用の年賀はがきの印面に取り上げられたような押絵の羽子板が数多く並ぶ風景は師走の風物詩となっている。

よき女《をうな》の
悩めるところ
あるに似たり

クレオパトラや楊貴妃と並ぶ〝世界三大美女〟の一人とされる小野小町だが、その生没年を含め、伝記情報はほとんどわかっておらず、生前の彼女を描いた肖像の類も残されていない。したがって、現在となっては、彼女が本当に〝美人〟だったことを証明する手立てはないのだが、そのあたりを歴史学的に実証しようとするのは野暮というものだろう。

小野小町が絶世の美女であるいうイメージを定着させた一因は、紀貫之が描いた『古今和歌集』の仮名序にもある。『古今和歌集』の仮名序は和歌の歴史概論となっているが、そこで「近き世にその名きこえたる人」として挙げられた六人の歌人、すなわち六歌仙のひとりとして挙げられた小野小町については、以下のように紹介されている。

をののこまち《小野小町》は、いにしへ《古》のそとほり《衣通》ひめ《姫》の流なり。あはれ《哀》なるやうにて、つよ《強》からず。いはば、よきをうな《女》の、なや《悩》める所あるに に《似》たり。つよ《強》からぬは、をうな《女》のうた《歌》なればなるべし。（大意：小野小町は、昔の衣通姫の系統の歌人である。歌の心はしみじみと身に沁みるが、強くはない。たとえるなら、美しい女が病気になり、悩んでいるところのあるのに似ている。強くないのは、女の歌だからであろう。）

よ

2005.9.1発行　古今和歌集奏覧1100年・
新古今和歌集奏覧800年記念
「六歌仙図・小野小町」
C1995a

わかよたれそ　つねならむ

貫之が小町を〝衣通姫の流〟としているのは、あくまでも、歌のことであって、外見上のことではない。

衣通姫は記紀神話に登場する絶世の美女で、その美しさが衣を通して輝いていたことが名前の由来である。『古事記』によれば、彼女は允恭天皇の娘だが、兄の軽皇子と情を通じたことで、皇子は伊予に流され、彼女も彼を追って伊予に行き、心中して果てたとされる。

衣通姫は、柿本人麻呂、山部赤人とともに〝和歌三神〟の一柱に挙げられることもある歌人だから、小野小町の歌は衣通姫にも通じることがあるというのは、それだけでかなりの高評価である。そこに、小野小町も衣通姫似の美女であるというイメージが重なったのだろう。また、彼女の歌について論じた「よき女の悩めるところあるに似たり」の部分も、読者に、小町＝良き女＝美女というイメージを増幅させる効果をもたらした。

こうして、後世の画家たちは想像力を掻き立てて、思い思いの〝小野小町〟を描いたわけだが、その中の一点、江戸時代の画家、土佐光起（とさみつおき）の「六歌仙図」（東京国立博物館像）は、平成17年（２００５）に発行の「古今和歌集奏覧１１００年・新古今和歌集奏覧８００年」の記念切手にも取り上げられた。

光起の「六歌仙図」の原本では、無地の背景に代表作である「思ひつつぬればや人の見えつらむ　ゆめとしりせばさめざらましを」の歌が書かれている。

これに対して、切手の方は、『小倉百人一首』にも収められている「花の色はうつりにけりないたづらに　わが身世にふるながめせしまに」のイメージから、背景には桜を配している。

ただし、「花の色〜」は別の機会にも切手・葉書に取り上げられているわけだから、ここは光起の原本を尊重して、「思ひつつ〜」の歌から、夢から覚めた時分、暁の空をイメージした背景にするという手もあったのではないかと思う。

1回休み　おてつきコラム

小倉百人一首

1977.11.7発行　昭和53年用
年賀はがき　NC54

単なる歌人の肖像だけではなく、歌とあわせて『小倉百人一首』を取り上げた郵趣マテリアルとしては、昭和53年（1978）用の年賀はがきの印面が最初となるが、そこには、小野小町を描く「花の色は〜」の読み札も描かれている。なお、よく知られているように「花の色は〜」は、いつの間にか年を取り、自らの容色が衰えたことを嘆く内容の歌だ。なお、かつてのわが国では個人の誕生日を祝うという発想はなく、毎年元日に、誰もが皆一つずつ年を取るということになっていた。それゆえ、新年早々、「花の色〜」の絵札が描かれた賀状を受け取った人の中には、「今年もまた一つ年を取りましたね」と言われた気分になるケースもあったかもしれない。

た　けすらりとして、姿勢満点

徳島県発祥の盆踊りとして知られる阿波踊りのルーツは定かではないが、現在のように「同じ阿呆なら踊らなソンソン」と歌う「阿波よしこの節」の阿波踊りを全国に知らしめたのは、富田町の名妓として知られたお鯉こと多田小餘綾《ただこゆるぎ》の功績であることは間違いない。

その彼女が三味線を弾く姿は、平成元年（1989）の趣味週間切手に取り上げられた「阿波踊」のモデルともなった。

絵画「阿波踊」の作者、北野恒富は明治13年（1880）、石川県金沢市十間町生まれ。明治32年（1899）、月刊新聞『新日本』の小説挿絵を描き、挿絵画家としてデビューした。明治43年（1910）、「すだく虫」で第4回文展に初入選。翌年の第5回文展で「日照雨《そばえ》」が3等賞を受け、日本画家としての地位を確立した。大正6年（1917）には大阪画壇唯一人の日本美術院同人となる。創作活動のかたわら、大正美術会、大阪美術協会、大阪茶話会を設立するなどして、大阪画壇のリーダーとして、後進の指導・育成にも力を注いだ。昭和22年（1947）没。

さて、恒富は大正末年に徳島で南海画塾を設立したこともあって、幾度か徳島を訪れた。そのうちの一度、地元の有力者だった平野鍋吉に招かれた座敷には、地元の名妓として知られていたお鯉が侍っていた。

お鯉と恒富が直接会ったのは、この一度きりだったが、恒富はお鯉に強い印象を持ったようで、昭和5（1930）年の院展に彼女をモデル（の一人）にした「阿波踊」を出品した。なお、二人が会った正確な日時は不明だが、三味線につけられた提灯に〝奉祝〟の文字が見えるから、あるいは、昭和3年（1928）の大礼の頃だったのかもしれない。

その後、恒富は院展出品作品と同じモチーフでいくつも作品を作ったが、残念ながら、院展に出品したオリジナルは現在所在不明。切手の元になった作品も、後に作られたもので、山形美術館の所蔵品（旧長谷川コレクション）である。

院展に出品した「阿波踊」が評判になった後、昭和8年（1933）の雑誌インタビューでは、「徳島芸妓の印象」として「座敷のしきゐ際に立つたお鯉の姿を見ると、すらつとして水際だつてゐましたよ。その姿でもこなしでも大阪藝妓そのま、でい、線の流れを見

1989.4.18発行　切手趣味週間「阿波踊」
C1249-1250

た

せてゐました」と彼女のことを語っている。

　また、小説家・紀行作家の江見水蔭《えみすいいん》は、昭和9年に徳島を訪れ、「新魚町の三又といふ当地第一流の料理亭」で歓待を受けた際、「阿波踊」のモデルと知ったうえでお鯉に会い、彼女の美声に酔いしれている。その時の印象は「敢て美貌といふにあらざれど、丈すらりとして、姿勢満点。…（中略）…怜悧にして、サアビス行届き、趣味を談じても理解有り」だったそうだ。「阿波踊」を見る限り、僕などは十分〝美貌〟だと思うが、そのあたりは好みの問題か。ただ、スタイルが良く、姿勢の美しい女性だったことは間違いなさそうだ。

　ちなみに「阿波踊」には、三味線を弾くお鯉の隣に、踊っている女性が描かれており、切手にも取り上げられた。こちらのモデルは、富街芸者の恋香《こいか》こと三輪清水《きよみ》と考えられている。彼女もまた美人の誉れ高く、戦前の徳島花柳界では踊り、鼓の名手として有名だった。

おてつきコラム　1回休み

昭和3年の大礼

1928.11.10発行
昭和大礼　C46, C47

　大正15（1926）年12月25日、大正天皇が崩御したことにより、皇太子・裕仁親王が践祚《せんそ》し、元号は「昭和」と改められた。

　新天皇の即位を祝う公式の行事としては、即位礼と大嘗祭をあわせた大礼がある。

　天皇は毎年11月、新たに収穫された穀類を神々に備える新嘗祭を行われるが、即位後に初めて行う新嘗祭は特に大嘗祭と呼ばれる。ただし、大嘗祭と即位礼は1年間の諒闇（服喪期間）が明けた後でなければ行うことはできないので、昭和天皇の場合は、大正天皇の崩御から1年が経過した昭和2年（1927）12月以降、最初の11月ということで、大礼の挙行は昭和3年（1928）11月となった。なお、記念切手は即位礼当日の11月10日に発行された。

れ
うやくは口に苦く、
出る杭は
打たれる習ひ

江戸いろはがるたの〝れ〟の札〝良薬は口に苦し〟は、もともと、『孔子家語』六本にある「良藥苦於口、而利於病。忠言逆於耳、而利於行（良薬は口に苦けれども、病に利あり。忠言は耳に逆らえども、行いに利あり）」に由来する言葉だが、平賀源内はこれを〝出る杭は打たれる〟と組み合わせた。己の才能と慧眼は、世間からは、結果的に苦い良薬として疎まれることを悟っていたからであろう。

本草学者、地質学者、蘭学者、医師、事業家、戯作者、浄瑠璃作者、俳人、蘭画家、発明家など、さまざまな顔を持ち、〝日本のダ・ヴィンチ〟とも称される源内は、享保13年（１７２８）、讃岐国寒川郡志度浦（現・香川県さぬき市志度）の讃岐高松藩足軽身分の家に生まれた。幼少時から神童の誉れ高く、寛延元年（１７４８）、父の死により藩の蔵番となり、宝暦２年（１７５２）、藩命を受けて長崎に留学し、本草学、蘭学等を修めた後、大阪・京都・江戸で学ぶ。

宝暦９年（１７５９）には高松藩の薬坊主格となったが、宝暦11年（１７６１）、江戸に戻るため辞職。その際、高松藩から〝仕官御構《おかまい》〟とされたため、幕臣を含め、他藩への就職が不可能となった。以後、源内は〝天竺

2003.7.1発行　江戸開府400年シリーズ
第３集　開国へ向かって　「西洋婦人図」
C1893e
れ

日の本切手美女かるた

浪人〟を自称し、秋田秩父での鉱山開発、木炭の運送事業、羊を飼っての毛織物生産、輸出用の陶器製作、珍石・奇石の仲買人など、さまざまな事業に手を出す一方、宝暦13年（1763）には博物図鑑『物類品隲《ぶつるいひんしつ》』を刊行した。このほか、静電気発生装置エレキテルの修理・復元、火浣布《かかんぷ》（石綿）、万歩計、寒暖計、磁針器などを発明。福内鬼外の筆名で多くの時代物浄瑠璃を、風来山人の筆名で春本『長枕褥合戦《ながまくらしとねかっせん》』や『萎陰隠逸伝《なえまらいんいつでん》』などを執筆したほか、江戸に狂歌ブームを起こした大田南畝の『寝惚先生文集』に序文を寄せている。

また、源内は、蘭学者として西洋画の技法を日本に紹介すべく、自ら絵筆をとって「黒奴を伴う赤服蘭人図」（現存せず）、「西洋婦人図」（神戸市立博物館所蔵）を制作した。

このうち、「西洋婦人図」は日本人の描いた最初の西洋画とされており、江戸開府400年シリーズの切手にも取り上げられている。

「西洋婦人図」の女性は、目と唇が力強く、顎や首の線も太い男性的な肖像だ。幕末のペリー艦隊の乗員を見た人々は彼らを〝赤鬼〟として恐れたというから、源内にしても、西洋の女性には〝たくましさ〟を感じたにちがいない。

あるいは、源内は性的嗜好として男色家で、当時、江戸で随一の人気を誇っていた女形役者の二代目瀬川菊之丞と恋愛関係にあったから、「西洋婦人図」にも菊之丞の面影が投影されている可能性は十分にあるだろうし、源内の自画像であるとする論者さえいる。

このように、マルチな才能を発揮した源内だったが、その才能が世間から正当に評価されないことで次第に鬱屈が募り、安永8年（1779）、酒に酔ったうえで大工の棟梁二人を殺傷したため投獄され、破傷風により獄死した。

稀代の天才の生涯に、このような形でピリオドが打たれてしまったことは、あまりにも悲しい。

1回休み　おてつきコラム

土用丑の日

1966・8・1発行
魚介シリーズ「ウナギ」
C446

魚介シリーズの“うなぎ”の切手は昭和41年(1966) 8月1日に発行されたが、これは、鰻イコール(夏の) 土用の丑の日という現在の季節感をふまえたものだ。しかし、食品としての旬ということでいえば、鰻は夏よりも冬の方が、身に脂がのっていてはるかに品質が良い。このため、かつて鰻は冬の食物で、夏の鰻屋は閑散としていた。このため、夏場の売り上げ不振に悩んだ近所の鰻屋から相談を受けた源内が鰻屋の店先に「本日、土用丑の日」との張り紙を出したところ、件《くだん》の鰻屋は大繁盛。他の鰻屋もこれに倣い、鰻は夏の時季物になったといわれている。また、このエピソードをもって、源内を日本のコピーライターの祖とすることもある。

(そ)んなら、うちの娘でどうどっしゃろ

上村松園の最高傑作として重要文化財にも指定されている「序の舞」は、昭和11年（1936）に開催された文部省美術展覧会（新文展）の招待展に出品された。

作品の題名となった「序の舞」とは、能楽の舞の一種で、非常にゆったりしたテンポの、品格のある舞で、大小物、太鼓入りの二種類がある。白拍子、遊女、高貴な女性の霊、女体の神霊・精霊等の舞で、曲としては「羽衣」、「井筒」、「江口」など22曲ある。

作品の舞の曲名については、松園は明らかにしていないが、能の専門家によると、帯に鳳凰の文様があるので、「羽衣」の序の舞をイメージしたものと推測されるという。

この作品について、松園本人は以下のように語っている。

この絵は、現代上流家庭の令嬢風俗を描いた作品ですが、仕舞のなかでも「序の舞」はごく静かで上品な気分のするものでありますから、そこを選んで優美のうちにも毅然として犯しがたい女性の気品を描いたつもりです。何者にも犯されない、女性のうちにひそむ強い意志をこの絵に表現したかったのです。幾分古典的で、優美で、端然とした心持を私は出し得たと思っています。

当初、松園は息子・松篁の妻たね（当時28歳）をモデルにするつもりで、髪を文金高島田に結わせ、瑞雲の立ち上る朱色の振袖に丸帯を締めさせてポーズを取らせた。なお、ときどき『序

1回休み おてつきコラム

オーソドックスな序の舞

松園の「序の舞」が通常の序の舞とは大きく異なっているのに対して、標準的な序の舞の姿を描いたのが、平成3年(1991)の趣味週間切手に取り上げられた山川秀峰の「序の舞」である。秀峰の作品は、昭和7年(1932)の第13回帝国美術院展覧会(帝展。新文展の前身)に出品されて評判となった。秀峰は明治31年(1898)、松園と同郷の京都生まれ。ただし、松園は明治8年(1875)生まれだから、親子ほどの年齢差がある。松園は秀峰の「序の舞」を意識し、自分の「序の舞」には、女性として、もっと華やかさを表現しようと考えていたという。

1991.4.19発行　切手趣味週間
「序の舞」　C1331

1965.4.20発行　切手趣味週間「序の舞」
C425

の舞』のモデルは松篁の妻の未婚時代」という説明を見かけるが、これは、たねがモデルとして未婚女性の服装・髪型をしていたことからくる誤解である。

たねの顔は美しく、髪も品よくできあがっていたが、彼女は謡曲を多少たしなんではいたものの、仕舞（能の一部を面・装束をつけず、紋服・袴のまま素で舞うこと。当時の富裕な家庭の女性のたしなみの一つであった）は、素人である。このため、松園の望むポーズをとることができなかった。

そこで、どうしたものかと松園は金剛流の能楽師、廣田弘に相談。すると、廣田は即座に「そんなら、うちの娘でどうどっしゃろ」と応じたという。

廣田の娘・宮はこのとき24歳。能楽師の娘として育ち、時折、父の代稽古をしていたほどの腕前だ。ちなみに、弟の陞一《のりかず》は金剛流のシテ方として一時代を築いた名手である。

松園は廣田の申し出に感謝し、ハイヤーを差し向けて宮を招き、画室でポーズを取らせ、宮の舞姿にたねの頭を組み合わせて作品を完成させた。

ところで、一般に仕舞を舞う際には、髪を垂らして袴をつけるのだが、松園の「序の舞」は髪を結ったうえに、振袖の裾ひき姿である。また、袖が返っていることもあって、能楽を描いた作品としてはおかしいという批判が一部にあった。これに対して、松園は「あくまでも絵の序の舞」という姿勢を貫き、世の大勢も彼女を支持。いつしか、批判の声は消えていった。

なお、昭和40年（1965）の趣味週間切手に「序の舞」が取り上げられたとき、モデルのたねと宮（当時は結婚して藤沢姓）はいずれも存命で、そのことがメディアでも報じられ、話題となった。

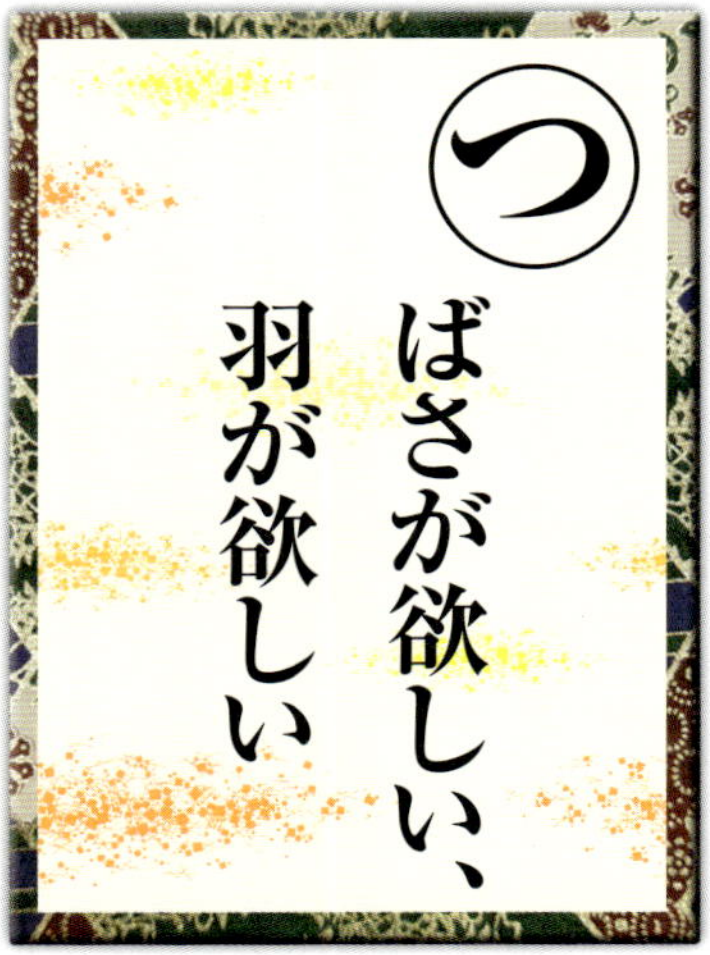

歌舞伎でも有名な『本朝廿四孝《ほんちょうにじゅうしこう》』は、もとは、近松半二、三好松洛らの合作による時代物の浄瑠璃で、明和3年（1766）、大坂竹本座で初演された。物語は、戦国時代の武将、武田信玄と長尾（上杉）謙信は、天下を狙う美濃の斎藤道三を欺くために宿敵として戦っている風を装っていたが、その裏で、武田の嫡男勝頼と上杉の息女八重垣姫との婚約が整っていたという設定。

将軍足利義晴が何者かに暗殺され、疑われた武田と上杉は犯人逮捕に三年間の猶予を申し出たものの、犯人は逮捕できず、〝勝頼〟は殺されてしまった。ところが、殺されたのは身代わりで、実は武田の家老・板垣兵部の息子。勝頼は蓑作と名を変え、生き延びていた。

そうとは知らぬ八重垣姫は、まだ見ぬ許嫁・勝頼の死を悼み、彼の絵像に十種香を焚きながら言う。

「こんな殿御と添い臥しの、身は姫御前の果報ぞと（こんな素敵な殿方と結ばれるとは、なんと幸せ者だろうと思っていたのに）」そして、「名画の力もあるならば、可愛とたつたひと言の、お声が聞きたい、聞きたい」と妄想を膨らませていた。そこに蓑作が登場。彼は、上杉に貸し出されたままの武田の秘宝〝諏訪法性の兜〟を奪還するため、上杉謙信に家臣として仕えたのだ。当然のことながら、蓑作は姫が拝んでいた絵像にそっくり。姫は驚きながらも、蓑作に激しい恋心を抱き、腰元の濡衣《ぬれぎぬ》に仲を取り持ってくれと頼みこむ。そこで、濡衣は諏訪法性の兜を盗み出してくれたら仲立ちをしようと申し出た。

これで、蓑作が勝頼と気付いた姫は蓑作に縋り付くが、蓑作は彼女を拒絶。すると姫は蓑作の脇差を取って死んでやると大騒ぎ。何とか濡衣が取り押さえた。

そこに現れた謙信は、蓑作に文箱を渡し塩尻峠へ使いを急がせる。謙信は蓑作の正体を見抜き、討手を差し向けて、彼を亡き者にしようとしたのである。

そのことを知った姫は、なんとかして蓑作にそのことを知らせようと身もだえするが、目の前の諏訪湖は氷結していて船を出すことも出来ず、どうにもならない。そうした切羽詰まった状況で、彼女が吐き出した決め台詞が

ア、翅《つばさ》が欲しい、羽が欲しい、
飛んで行きたい、知らせたい、
逢ひたい　見たい。

血を吐くような言葉とともに、助け

わかよたれそ　つねならむ

1966.11.1発行　国立劇場開場記念
「文楽　八重垣姫」
C469

つ

を求めて一心不乱に兜に祈る姫。すると、諏訪明神の使いの狐が姫に取り付き、狐に導かれた姫は諏訪湖を渡って勝頼のもとへと急ぐのであった。

以上が、『本朝廿四孝』のうち、八重垣姫にスポットがあてられた「十種香の場」そして「奥庭狐火の場」のおよそのあらすじである。

昭和41年（1966）に発行の「国立劇場開場」の記念切手に取り上げられた八重垣姫は、このうちのいずれかの瞬間をとらえたもので、印刷物としての仕上がりの見事さもあって、『スポーツニッポン』紙の同年発行の記念切手のベスト1に選ばれている。

結局、彼女は勝頼を救い、二人はめでたく結ばれるのだが、これだけ直情径行型の八重垣姫と一緒になった勝頼は、その後、ずいぶん苦労したのじゃなかろうか。他人事ながら、そっちも気がかりだ。

おてつきコラム　1回休み

武田の兜

1988.6.23発行
第３次国宝シリーズ
第４集「小桜韋威鎧」C1194

武田の兜といえば、切手収集家なら第3次国宝シリーズの“小桜韋威鎧《こざくらがわおどしよろい》”の切手を思い出す人も多かろう。この甲冑は、平安時代後期の武将・源義光が甲斐守に任じられて以来、その子孫の甲斐源氏に伝えられ、武田氏の家宝として受け継がれてきた。矢や槍を防ぐ楯が必要ないほどの頑丈な鎧との意味で“楯無《たてなし》”の鎧とも呼ばれている。

武田信玄の時代に菅田天神社《すがたてんじんしゃ》に納められたが、信玄の子・勝頼が天正3年（1575）に長篠の合戦で敗れた後、家臣が持ち出して向嶽寺《こうがくじ》の杉の木に埋めて保存。その後、徳川家康がこれを掘り出して再び菅田天神社に納めて、現在に至っている。

竹久夢二の最高傑作とされる「黒船屋」は、表具屋・彩文堂の飯島勝次郎の依頼によって、大正8年（1919）に描かれたもので、作品名の由来は女性の座っている木箱の文字である。

夢二は、明治17年（1884）、岡山県邑久郡本庄村（現・岡山県瀬戸内市邑久町本庄）生まれ。明治35年（1902）に上京して開校後まもない早稲田実業学校に入学した。学生時代からスケッチを『読売新聞』等に投書し、明治38年（1905）、『中学世界』に応募した「筒井筒」が第一賞入選したのを機に、画家として認められた。また、大正3年（1914）、東京呉服橋に港屋絵草紙店（以下、港屋）を開業し、みずから浴衣や小間物、楽譜のデザインを手がけ、日本のグラフィック・デザイナーの草分けとしても多大な業績を残したほか、「宵待ち草」などの叙情的な詩も残した。

港屋の開店後まもなく、夢二は客として店に通っていた18歳の美大生、笠井彦乃《ひこの》と恋仲になり、大正4年（1915）、最初の妻で、すでに離婚していたものの同居していた〝たまき〟と分かれ、大正5年（1916）、京都に移り、彦乃との同棲生活を始める。

しかし、大正7（1918）年、彦乃は九州旅行中の夢二を追う途中、別

ね

1980・10・27発行
近代美術シリーズ　第8集　「黒船屋」
C852

日本の切手美女かるた

府温泉で結核を発病。もともと、夢二との交際を苦々しく思っていた父親は、彼女を東京に連れ戻し、御茶ノ水の順天堂病院に入院させた。

このため、夢二は東京・本郷の菊富士ホテルに移ったが、彦乃の家族から面会を拒絶され、憔悴する。

飯島が夢二に作品を依頼してきたのは、まさにこのタイミングだった。

絵のモデルには、東京美術学校で藤島武二、伊藤晴雨らのモデルをつとめたお葉こと永井カ子ヨ《かねよ》（佐々木カネヨ）が呼ばれたが、実際の作品では、最愛の女性だった彦乃の面影が色濃く投影されているという。

また、この絵は、夢二のほかの絵と異なり、画面の中央に黒い猫が鎮座している。この黒猫は、夢二の心の自画像で、会うことを許されぬ最愛の女性にすがりつきたい思いが表現されたものと考えられている。

まさしく、絵の中の「猫になりたい」という心の叫びが、この傑作を生みだしたと言ってよいだろう。

「黒船屋」の完成から間もない大正9年（1920）1月16日、彦乃は「私は静かになれました。どうぞ心おきなうあなたのお仕事を大切にしてください」との手紙を残し、順天堂病院で亡くなった。享年25。夢二は彼女の死のショックからしばらく立ち直れず、彼女の別名である〝しの〟と刻んだプラチナの指輪を、生涯外すことがなかった。

一方、絵のモデルとして呼ばれていたお葉は、引き続き菊富士ホテルに逗留していた夢二のもとに通っていたが、やがて夢二と同棲。渋谷ならびに世田谷で夢二と生活を共にしたが、大正14年（1925）、夢二と離別。その後、医師と再婚し、平穏な一生を過ごした。

ちなみに、「黒船屋」は、現在、群馬県の竹久夢二伊香保記念館の収蔵品となっており、毎年、夢二の誕生日にあたる9月16日の前後一週間のみ、予約制で公開されている。

おてつきコラム　1回休み

女十題

1985.4.20発行　切手趣味週間　「北方の冬」「朝の光へ」　C1045, C1046

昭和60年（1985）の趣味週間切手には、夢二の「女十題」のうち、「北方の冬」と「朝の光へ」の2点が取り上げられた。

「女十題」は大正10年（1921）から翌年に制作された水彩画の連作。大正期の夢二の大首絵の集大成とも評価されており、抒情主義から絵画主義への移行を示す作風が見られる。

「北方の冬」は紫の御高祖（おこそ）頭巾を被った弘前の娘を描いた作品で、清純な中にも芯の強さを秘めた彼女の性格がよく表現されている。一方、「朝の光へ」は、ブドウの髪飾りをつけた女性が肘をついた両手に頬を託しているさまを描いた作品。いずれも、画面には「女十題の内（作品名）夢二」の署名と“愁人山行”の印がある。

な
ぜ泣くのだろ

挿絵画家・詩人として一世尾を風靡した蕗谷虹児《ふきやこうじ》は、明治31年（1898）、新潟県新発田町（現新発田市）に生まれた。母親は新聞記者と駆け落ちし、虹児（本名・一男）を産んだが、貧困の末、虹児が12歳の時に27歳で亡くなった。

　その後、新潟市の印刷会社で働きながら夜学に通い、大正元年（1912）、その画才が新潟市長に注目され、上京して日本画家・尾竹竹坡に弟子入りした。大正9年（1920）、竹久夢二の紹介で雑誌『少女画報』へ最初の挿絵を掲載した。さらに、大正10年（1921）、『朝日新聞』に連載の吉屋信子の長編小説『海の極みまで』の挿絵を担当して全国に名を知られるようになった。以後、『少女画報』『令女界』『少女倶楽部』などの雑誌の表紙絵や挿絵などにより、竹久夢二とともに、大正ロマンを代表する画家としての地位を確立する。

「花嫁人形」は、大正13年（1924）の『令女界』に発表された詩画で、後に杉山長谷夫の作曲で童謡にもなった。

　題名が「花嫁」ではなく、「花嫁人形」になっているのは、亡き母へのことを思って作られた詩だったからだ。

　かつての日本では、亡くなった人の魂は人形に移ると信じられていた。

　10代で駆け落ちした虹児の母はまともな祝言を挙げることもなく、つまり、金襴緞子の帯を締めることも、文金島田に髪を結うこともなく、父と暮らし始め、苦労の末に早逝し、その魂も人形に移ったのだ。もはや、泣きたくてもなくことすらできなくなった彼女への思慕が生んだのが「（現実の）花嫁御寮はなぜ泣くのだろ」の一節だった。

　さて、大正14年（1925）、虹児は〝芸術画家〟への転身をめざしてパリへ留学し、サロンへの入選を果たすまでになったが、昭和4年（1929）の大恐慌で東京の留守宅が経済的に困窮したため、急遽帰国。借金返済のため、ふたたび挿絵画家に戻った。モダンな画風とシャープな画線は人気を集めたが、戦時色が強くなると時勢に合わないとして、作品制作の中止を余儀なくされる。

　第二次大戦後は絵本やアニメーションで活躍。昭和54年（1979）に没。

　虹児には挿絵画家から〝芸術画家〟への脱皮を目指したものの経済的理由で挫折したという意識が強くあり、ながらく、自分が「花嫁人形」のイメージで語られることに強い抵抗感を持っていたという。ところが、あるとき、酒席でサトウハチローから「詩人たる者、誰もが口ずさめる詩を一つで良い

わかよたれそ　つねならむ

1997.6.18発行　ふるさと切手新潟版
「花嫁」
R216

な

から書きたいと心から願って仕事をしている。君の『花嫁人形』はその一つじゃないか。それが嫌だとはなんという勿体ないことを言うのだ。もっと誇りを持たねばならない」と叱責されたことで、「花嫁人形」に対するこだわりもなくなったという。

　ふるさと切手（新潟県）に取り上げられた「花嫁」は、そうした経験を経て昭和43年（1968）に発表された作品。

　ちなみに、「花嫁人形」の歌詞は、幸せなはずの花嫁が「なぜ泣くのだろ」というのが作品の肝となっているが、昭和43年の絵画「花嫁」の実物では、その世界観を表現するため、花嫁の右目から涙がうっすらと一筋こぼれている。

　ただし、この涙は、切手の小さな印面では再現できておらず、原作の味わいが伝わってこないのが残念だ。

おてつきコラム　1回休み

大正13年冬のご成婚

　皇太子裕仁親王（後の昭和天皇）と久邇宮良子《ながこ》女王（後の香淳皇后）の婚約は、大正9年（1920）6月に内定したが、大正10年（1921）、女王の母方・島津家に色盲の遺伝があるとして、婚約辞退を迫る声もあった。最終的に婚約は勅許となったが、ご婚儀は大正12年（1923）9月の関東大震災により延期され、記念切手・絵葉書も不発行になった。

　最終的にご婚儀は大正13年1月26日に行われたが、「金襴緞子の帯締めながら　花嫁御寮はなぜ泣くのだろ」で始まる「花嫁人形」が発表されたのは、その直後の2月のこと。多くの国民は、この歌詞から、紆余曲折の末、ようやく花嫁になった良子女王のことを連想したのではないか。僕はそう推測している。

1924.1.26（不発行）
「東宮御婚儀祝典記念」
葉書

ら

ら、歌う唄 甘いラブソング

日本初の〝総天然色映画〟として知られる『カルメン故郷に帰る』は、昭和26年（1951）3月21日に公開された。製作会社は松竹大船で、監督は木下恵介、主演は高峰秀子である。

北軽井沢・浅間山麓の村で育った〝おきん（高峰）〟は、家出をして、東京でリリィ・カルメンの芸名で、そこそこ名の通ったストリッパーになっていた。ストリップを〝芸術〟だと信じて疑わない彼女は、ある年の秋、ストリッパー仲間のマヤ朱美を連れて帰省する。

一方、おきんが〝芸術家〟になってお国入りすると聞いた村人たちは大喜びで二人を迎えるが、二人の派手な服装と突飛な行動に困惑。ちょうど、村の学校で運動会が開催され、二人も見学に行くが、おきんが昔思いを寄せていた田口春雄（現在は妻子持ち。戦争で目を傷める）のオルガン演奏の途中、運送屋の丸十にいきなり手を握られた朱美が悲鳴を上げてしまい、演奏をぶち壊してしまう。

そこで、汚名返上のため、彼女たちは本職の〝芸術〟を披露することになるが、父親や校長は〝芸術〟の中身を知って情けなくなり、当日は〝芸術〟を見ずに仲間と家で酒を飲む。

翌日、二人は村を離れるが、〝芸術〟の興行主として儲けた丸十は、借金の

2006.10.10発行　日本映画
「カルメン故郷に帰る」
C2011b

ら

かたに巻き上げたオルガンを田口に返す。父親と校長はカルメンから渡されたギャラの一部を春雄に渡し、〝本当の芸術家〟が村から出ることを祈るのだった。

映画のカルメンと朱美は、とにかく、天真爛漫で底抜けに明るい。そして、高峰が「ララ、歌う唄　甘いラブソング」と歌う主題歌『カルメン故郷に帰る』は、占領期（映画の公開は講和条約調印の7ヵ月前）という時代を反映して、ジャズ・バラードの曲調だ。ただし、歌詞に登場するのは、ダミアや（シャルル・）ボアイエ、（モーリス・）シュバリエなどのフランスのスターや、シャンゼリゼやブローニュなどフランスの地名ばかりで、「パリよいとこ」と歌う反面、占領者として君臨していた米国を褒める箇所は一つもない。

一方、彼女たちの明るさと対照的に、重暗く物悲しい雰囲気なのが田口と彼の歌う「そばの花咲く頃」だ。

この二曲の対比により、戦後という時代の表層に流れていた自由で明るい、その反面軽薄な雰囲気と、拭いきれない戦争の傷跡の混在する時代の空気が表現されている。ちなみに、公開当時映画を見た人たちの感想では、主題歌よりも「そばの花咲く頃」の方が圧倒的に評判がよい。このあたりにも、現在の我々が〝戦後民主主義〟という言葉から受ける印象と、占領時代をリアルに生きた人たちの感覚の違いが表れているのかもしれない。

平成18年（2006）の「日本映画」のシートに収められた『カルメン故郷に帰る』の切手は、カルメンがマヤと故郷に到着したイメージで、ポスターと同図案である。ただし、映画の中で二人がこの写真と同じポーズを取る場面はない。

また、切手は、ポスターを単色で再現しており、これで切手として味わいがあるが、〝日本初の総天然色映画〟という作品の歴史的な意義を考えると、賛否は分かれるだろう。

おてつきコラム　1回休み

特需景気と切手

1951.4.14発行
第1次動植物国宝
切手　「前島密」
#342

昭和25年（1950）に朝鮮戦争が勃発すると、日本は朝鮮半島に派遣される国連軍の兵站《へいたん》基地となり、戦争の特需景気により戦後復興は急速に進んだ。昭和26年に総天然色映画として『カルメン故郷に帰る』が公開されたのも、そうした社会状況を反映したものだったが、切手の品質もまた、この頃から格段に向上した。すなわち、昭和25年11月に発行された平等院鳳凰堂の24円切手を皮切りに、普通切手の用紙は印刷効果をあげるために透かしなしのものに切り替えられるようになった。さらに、昭和26年4月には初めてのグラヴィア普通切手として前島密を描く1円切手（ゼロつき）も発行されるなど、経済状況の好転は切手にも明らかに影響を及ぼしている。

むら立つ雲も晴れ渡り

明治24年（1891）、『風船乗評判《ふうせんのりうはさの》高楼《たかどの》』と題する風変わりな演目が歌舞伎座の舞台にかけられた。作者は河竹黙阿弥、主演は、明治の名優と謳われた團菊左のひとり、五代目尾上菊五郎である。

芝居は、冒頭、常磐津が「むら立つ雲も晴れ渡り、小春日和の麗に、そよ吹く風も中空へ、やがてぞ昇る軽気球」と語りだし、東京・上野の博物館前に立った〝すぺんさあ〟役の菊五郎は「時事新報の広告や平尾の歯磨の広告」をばら撒きながら気球とともに上方へ舞い上がる。

すると、舞台背景の博物館がひっくり返って大空へと変わり、小さな気球に菊五郎と同じ扮装のちび〝すぺんさあ〟の尾上幸三（当時5歳。後の六代目菊五郎）が傘を握って降りてくる。

途中で、〝すぺんさあ〟は、再度、菊五郎に交代し、空中で色々な芸を披露しながら奈落へと姿を消し、その後、人力車に乗って花道から颯爽と博物館前に戻ってくる。ここで菊五郎は樽の上に立ちあがり、「レデーアンドゼントルメン」とインチキ英語を得意満面で披露して幕、というのが概要である。

芝居の元になったのは、前年の明治23年（1890）年11月24日、上野公園で英国人のパーシヴァル・スペンサーが行った〝風船乗り〟である。

〝風船乗り〟は、軽気球に乗って上空から落下傘で降下するだけだったが、飛行機というものがまだなかった時代、横浜公園を皮切りに、神戸居留地、二重橋外（天覧）、上野公園、大阪今宮眺望閣東、京都御所博物会場前などで行われたパフォーマンスは、上は明治天皇から下は庶民に至るまで、大いに喝采を浴びた。

『風船乗評判高楼』は、これに目を付けた福澤諭吉が、自分が発行していた時事新報の宣伝のため仕掛けた演目。

ところで、明治23年10月12日、横浜公園での最初の〝風船乗り〟については、昭和25年（1950）、洋画家の中村岳陵が見物の貴婦人を主題とした作品『気球揚る』を制作。この作品は昭和47年（1972）の趣味週間切手にも取り上げられた。ただし、切手では気球の部分はトリミングでカットされているので、事情を知らない人が見ると首をかしげることになろう。

貴婦人のモデル、荒川朝子《ともこ》の父親は、歌舞伎役者の三代目市川左團次だ。

三代目左團次は、もとは日本橋の料亭の子だったが、六代目市川門之助の養子となり、門之助の師で團菊左のひ

わかよたれそ　つねならむ

とり、九代目市川團十郎の門人となった。やはり團菊左のひとり初代左團次の子、二代目左團次が亡くなった時、二代目には実子がなかったので、一代限りの条件で三代目を襲名したが、結局、四代目を襲名したのは彼の長男だった。

さて、朝子は高島屋から借りてきた衣裳を身につけて、貴婦人のモデルになったほか、背後の背中を向けた和装の女性のモデルもやっており、作品の中では一人二役で登場する。

切手の発行時、朝子は45歳で、東京・北品川で、昭和44年（1969）に亡くなった父の旧宅に住んでいた。取材の新聞記者には「ただもうビックリ。これも中村先生のおかげです。ほんとうに人さまになめられるほど愛されるなんてシアワセですわ」と応じているが、彼女のような美人を実際に舐めることができるのなら、それこそ、気球に乗って天にも昇るような気分になれそうだ。

1回休み　おてつきコラム

明治の気球

西南戦争さなかの明治10年（1877）熊本城包囲戦で使うべく、政府軍は2個の気球を打ち上げ実験を行った。これが、日本製の気球第1号だ。

ところが、この時の気球は、一つはその場で破裂、もう一つは係留していた綱が切れ、近郊の漁村に飛ばされてしまう。漂着した気球に遭遇した漁民は“ラッキョウの化物”を棒で叩いたが、中から異臭を放つ水素ガスが流れ出すと恐れをなして逃げ出したという。その後、政府は気球を作り直したが、こんどは打ち上げ前日の4月14日、熊本城が解放され、当初の目的には間に合わなかった。

こうした苦労をねぎらうかのように、2ヵ月半後の6月29日に発行された12銭切手には、文明開化の象徴として気球が描かれている。

1877.6.29発行
旧小判切手　12銭
#72

む
C609
1972・4・20発行　切手趣味週間「気球揚る」

着物美女

どれほど時代が変わろうと、成人式の振袖、卒業式の袴、結婚式の打掛は絶対になくならない。理由は簡単。日本の女性が一番美しく見えるのは和装だからだ。日本文化の発信役である切手に和装の美女が多いのは当然の選択だ。

1999.9.22.　20世紀シリーズ　第２集　ミルクキャラメル発売　C1728j

1962.3.3.　年中行事シリーズ　ひなまつり　C374

1979.8.24.　日本の歌シリーズ　第１集　夕やけこやけ　C828

1962.11.15.　年中行事シリーズ　七五三　C376

1991.7.23.　ふみの日　あさがおだより　C1370

2012.6.1.　東京国立近代美術館開館60周年・京都国立近代美術館開館50周年　安井曾太郎「婦人像」C2116i

1960.4.20.　切手趣味週間　三十六歌仙絵巻「伊勢」C310

1974.7.29.　昔ばなしシリーズ　第４集　かぐや姫　月へ　C640

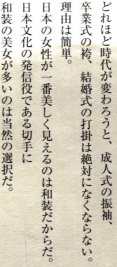

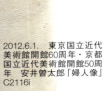

2013.7.12.　ふるさと切手群馬版　地方自治法施行60周年記念シリーズ　群馬　富岡製糸場東繭倉庫と工女　R837a

1951.4.10.　文化人切手
樋口一葉　C182

2003.4.11.　ふるさと切手
山口版　金子みすゞ　R586

1979.7.23.　ふみの日
ふみ書く博多人形　C820

1982.10.6.　国際文通週間
平田郷陽「遊楽」　C934

1999.10.1.　ふるさと切手福島版　二本松の菊人形　R355

1986.10.17.　第５回いけばな世界大会記念　秋の花と洛北おとめ　C1112

2010.10.8.　国際文通週間
伊東深水「三千歳」C2083

International Letter-Writing Week, 2010
国際文通週間

1983.4.20.　切手趣味週間　喜多川歌麿「台所美人」　C949-950

う れしかったは たった半《はん》刻《とき》

歌舞伎や人形浄瑠璃の演目として知られる「野崎村」は、宝永7年（1710）、大坂で大店の娘お染と丁稚の久松が心中したことを題材とした近松半二の作品『新版歌祭文《しんぱんうたざいもん》』の「第三幕 野崎村の段」の通称。初演は安永9年（1780）、竹本義太夫が創設した大坂・竹本座である。

　大坂の油屋に奉公する久松は、養父である野崎村の百姓・久作の妻の連れ子おみつと許婚だったが、久松本人はおみつに対する恋愛感情はなく、店の娘お染と相思相愛の仲で、お染は久松の子を宿していた。

　しかし、主人と奉公人の許されぬ恋であるうえ、お染には山家屋との縁談もまとまり、二人の前途に希望はない。

　そうしたところへ、久松には店の金を使い込んだ疑いがかかり、しばらく親元に帰されることになった。久松は嫌疑が晴れれば店に戻るはずだったが、同行してきた小助は「金返せ」と暴れる。すでに、久松のトラブルを知っていた久作は、全財産を売り払って一丁銀を用意しており、小助に渡して追い返した。同時に、久作はこれを機に久松とおみつの祝言を挙げさせる心づもりである。

　事情はともあれ、店に戻るわけにいかなくなった久松だが、彼と一緒になることをずっと心待ちにしていたおみつは、思いがけず、すぐに祝言となったことに大喜び。まさに幸せの絶頂で、包丁に顔を写して髪を直してみたりして、いそいで準備に取り掛かる。

　この間にも、おみつの存在を知らず、久松のことを忘れられないお染は一路、久松のいる野崎へ向かうのだが、その道中は芝居では演じられない。

　さて、半刻の後、お染は久松の家に現れた。田舎の農家の裏木戸には不似合いな、垢抜けた振袖のお嬢様を見て、おみつは彼女が久松と恋仲にあることを瞬時に見抜いたが、ひとまず、久作はおみつを連れて引っ込み、お染と久松は二人きりになる。

　昭和47年（1972）の古典芸能シリーズの切手に取り上げられたのは、まさにこの場面だ。切手の写真は、人形の遣い手は久松が豊松清十郎、お染が吉田蓑助である。

　さて、一緒になれないならひとりで死ぬというお染の言葉に心中を決意する久松。事情を察している久作が出てきて諭し、二人も一度は分かれることを決意する。

　ここで、とにかく早く祝言を済ませてしまおうと久作がおみつを呼ぶと、

う

1972.3.1発行　古典芸能シリーズ
第３集　「文楽　野崎村」
C565

出てきたおみつは綿帽子の下の髪を落とし、首に数珠をかけて尼になっていた。自分と無理に結婚させようとしたら、久松はきっとお染と心中する。それなら、自分は身を引いて尼になるから、死なないでほしい…。

ここで出てくるのが、見る者を思わず落涙させる一言。

うれしかったは　たった半刻

人目を避けるため、久松とお染が別々の道で大阪へ戻っていった後、おみつは父にすがりついて号泣するところで舞台は幕が下りる。

ただし、後日談としては、結局、久松とお染は心中して死んでしまう。彼らにとっての〝うれしかった〟時間も、結局のところ、長続きはしなかったのである。

おてつきコラム　1回休み

清方の「野崎村」

「野崎村」を題材とした切手は、古典芸能シリーズのほかにも、平成22年(2010)の文通週間切手がある。

こちらに取り上げられているのは、鏑木清方の日本画で、母に手をひかれて野崎に向かうお染が描かれている。まさにこの瞬間こそが、清方の画面には登場しないおみつにとって、生涯で最も幸せな半刻だった。

なお、清方の絵は、いわゆる歌舞伎絵で、モデルになっているのは、二代目・市川松蔦《しょうちょう》(明治19-昭和15：1886-1940)のお染と六代目・市川門之助(文久2-大正3：1862-1914)のお常だという。

この絵は、現在、東京・半蔵門の国立劇場の二階のロビーに飾られている。

2010・10・8発行　国際文通週間
「野崎村」　C2084
International Letter-Writing Week, 2010

ゐ

よゐよ蜻《とう》蛉《ぼう》よ

童謡の「赤とんぼ」は、作詞者の三木露風が、夕暮れ時に赤とんぼを見て、故郷・兵庫県揖保郡龍野町（現たつの市）で過ごした幼少時代を思い出す内容の詩だが、昆虫としてのトンボに関する内容は、冒頭の「夕やけ小やけの赤とんぼ　負われて見たのはいつの日か」と、4番の「夕やけ小やけの赤とんぼ　とまっているよ竿の先」の2か所である。

一方、洋画家の根岸敬が原画を制作した日本の歌シリーズの切手では、夕暮れの田園地帯で若い女性がトンボを前に指を立てている光景が描かれている。

詩に直接の言及はないが、冒頭、幼い露風をおぶっていたのは、7歳の時、父親と離婚して生き別れになった母親〝かた〟であるのはほぼ間違いない。それと、15で嫁に行った〝姐や〟の二人が、「赤とんぼ」に深くかかわる女性である。

根岸の絵に描かれているのは、二人のうちのどちらなのか、これも本人は何も証言を残さぬまま、昭和55年（1980）に亡くなったので、あくまでも推測の域を出ないのだが、露風の創作活動において、〝母恋〟が重要なテーマだったことを考えると、僕は、切手の女性も若き日の母親のイメージではないかと思う。

ところで、露風の詩では、最後の場

ゐ

1980.9.18発行　日本の歌シリーズ
第7集　「赤とんぼ」
C844

日本切手美女かるた

面でトンボは竿の先に停まっているが、実際のトンボは、そう長居はせず、すぐに飛んで行ってしまったにちがいない。そこで、場面は、逃げたトンボを自分の指に停まらせようとしている切手の絵につながるという物語が頭に浮かぶ。

　トンボが竿の先に停まるのは、秋になって気温が低くなり、体温を上げる必要が生じると、より多くの太陽光を浴びようとするためだ。

　さて、絵の中の彼女は、竿の先に停まったトンボを見かけたとき、おそらく、息を殺して近寄っていったのだろうが、平安時代末期の治承年間（1177〜81）、後白河法皇が編んだ『梁塵秘抄《りょうじんひしょう》』には、こんな歌謡が収められている。

　ゐよゐよ蜻蛉《とうぼう》よ　堅塩《かたしほ》参らむ
　さてゐたれ　働かで　簾篠《すだれしの》の先に馬
　の尾より合はせてかい付けて
　童冠者《わらべくわざ》ばらに繰らせて遊ばせむ

冒頭の〝ゐよ〟は漢字で書くと〝居よ〟だから、現代語で語呂よく訳すなら、「蜻蛉さん、じっと動かずいておくれ」といった感じになろうか。堅塩というのは、生成されていない状態の塩の塊。当時は、蜻蛉は塩に寄ってくると思われていたのだろう。

　露風の故郷である旧龍野町の南隣、旧御津町《みつちょう》（市町村合併により、これも現在たつの市になっている）には、かつて〝摂播五泊《せっぱんごはく》（摂津・播磨の五大港）〟にも挙げられて栄えた室津《むろつ》港がある。『梁塵秘抄』の時代であれば、室津の塩を持って、旧龍野町の地域でトンボ釣りをする光景も見られたに違いない。

　なお、『梁塵秘抄』の歌謡では、トンボを捕えるのは、簾に使う篠竹の先に馬の尾の毛をより合わせて括《くく》り付け、子供たちに遊ばせるためだという。

　切手の彼女が自分の指にトンボを停まらせようとしているように、母親のかたも幼い露風に見せてやろうと、龍野の里でトンボを捕えようとした日があったのかもしれない。

おてつきコラム　1回休み

大正時代のトンボ切手

　露風の「赤とんぼ」が発表されたのは大正10年（1921）だったが、その2年後、大正12年（1923）の関東大震災により、東京の印刷局と逓信省は焼失したため、応急措置として、簡易なオフセット印刷で目打も裏糊もない暫定的な切手が民間の印刷所で製造された。いわゆる震災切手である。

　ところで、震災切手は、世界で初めて、トンボを本格的に描いた切手だった。

　これは、トンボは前にしか進まず、退かないところから、不転退の意志を表す"勝ち虫"として縁起物になっていることから、切手においても、不退転の決意で復興に取り組む強い意志を表そうとしたためともいわれている。

1923.10.25発行　震災切手
#208

の
もりは見ずや
君が袖振る

　天智天皇7年5月5日（668年6月19日）、天皇は蒲生野（現在の近江八幡市東部・蒲生郡安土町・八日市市西部にわたる野）で、弟で皇太子の大海人皇子（後の天武天皇）、重心の中臣鎌足ほか諸王群臣を率いて薬猟を催した。

　薬猟というのは、唐にならった当時の娯楽で、薬草を刈り取りに野原をかけめぐるというもの。夕方からは、天皇主催の宴が催され、その席上、額田王はかつての夫である大海人皇子に向け、有名な次の歌を詠んだ。


茜指す紫野行き標野行き野守は見ずや君が袖振る（紫草の生える野を、狩場の標《しめ》を張ったその野を行きながら、そんなことをなさって…野の番人が見るではありませんか。あなたが私の方へ袖を振っておられるのを）

　これに対して、大海人皇子は次のように返す。

紫の匂へる妹を憎くあらば人妻ゆゑに我恋ひめやも（紫草のように美しさをふりまく若き恋人よ、あなたが憎いわけなどあろうか。人妻と知りながら、これほど恋い焦がれているのに）

　当時、額田王は天皇の後宮にいたから、この歌から彼女をめぐる天智・天武の両天皇の三角関係がうかがえるという説明を、中学や高校の古文の授業で教わったという人も多いだろう。

　ただし、この三角関係説は江戸時代に入ってから、国学者の富士谷御杖《ふじたにみつえ》や伴信友《ばんのぶとも》等が言い出したことで、確証はない。

　むしろ、『万葉集』では、これら二首が恋歌を集めた「相聞」の項ではなく、宴会での戯れ歌などを集めた「雑」の項に収められていることから、すでに関係の終わった二人が公の席で〝じゃれ〟としてやりあったというのが、国文学者の間では定説となっている。

　万葉研究の大家・池田彌三郎によると、「おそらく宴会の乱酔に、天武が武骨な舞を舞った、その袖のふりかたを恋愛の意思表示とみたてて、才女の額田王がからかいかけた。どう少なく見積もっても、この時すでに四十歳になろうとしている額田王に対して、天武もさるもの、『にほへる妹』などと、しっぺい返しをしたのである」のだそうだ。

　また、二人の天皇を巻き込んでの三角関係というイメージから、額田王が絶世の美女だったという伝説も生まれた。近代美術シリーズに取り上げられた安田靫彦の「飛鳥の春の額田王」などは、それを忠実に再現した作品の典型で、教科書にもこの顔が登場する。

　ただし、彼女の生前の肖像や容姿に

うゐのおくやま　けふこえて

の

1981.2.26発行　近代美術シリーズ
第９集　「飛鳥の春の額田王」
C873

関する記述も何一つ残っていないので、実際には彼女がどんな顔をしていたのか、何とも言えないのだという。

たしかに、学術的な検証という点ではもっともな議論ではあるが、どうも、一般には額田王イメージが崩れることには抵抗が強いらしく、万葉学者の伊藤博が、上記のような内容を講演で話したところ、聴衆の女性から抗議されたという。

なお、池田先生は「この時すでに四十歳になろうとしている額田王云々」と言っておられるが、大岡越前の母親が「女は灰になるまで…」と答えたというエピソードもあるのを御存じなかったはずはなかろうに…。

1回休み　おてつきコラム

現場に居合わせた持統天皇

額田王と大海人皇子との宴席でのやり取りの現場には、当時21歳だった鸕野讚良《うののさらら》も同席していた。後の持統天皇である。

彼女は中大兄皇子（天智大王）の子として大化改新の年に生まれ、斉明天皇3年(657)、13才で叔父にあたる大海人皇子に嫁した。問題の薬猟の前年、天武天皇6年(667)までに、同じく大海人皇子に嫁いでいた姉の大田皇女が亡くなったので、薬猟の時には、彼女が皇子の正妃であった。夫と、自分よりはるかに年上の元妻のやり取りは宴席の余興としてどっと盛り上がっていたが、若い彼女は内心、ムッとしていたかもしれない。

2007.7.23発行　ふみの日
「持統天皇」　C2019b

お

れについてこい

お

1963.6.23発行　オリンピック東京大会募金　第4次「バレーボール」
C356

戦後の日本経済の牽引役の一つであった繊維産業、特に紡績業を支えたのは若い女性の安価な労働力だった。

しかし、敗戦後まもない時期には紡績工場には戦前の「女工哀史」のイメージが強く、労働力の確保は難しかった。そこで、不衛生・不健康という紡績工場に対する先入観を払拭し、〝明るく健全な職場〟のイメージを定着させるため、紡績企業は女子スポーツを奨励した。

なかでも、大日本紡績（現・ユニチカ）は、工場ごとにチームを設けるなど女子バレーボールに熱心で、〝日紡尼崎〟と〝日紡足利〟は全日本選手権を制する強豪だったが、昭和28年（1953）、女子バレーボール部を貝塚工場に統合することを決定。かくして、昭和29年（1954）、〝日紡貝塚〟が誕生する。

初代監督に就任した大松博文はインパール作戦に従軍し、九死に一生を得た経験から部員に猛特訓を課し、回転レシーブ、時間差攻撃など独自の技を生み出して世界一のチームを作り上げた。

日紡貝塚は、昭和33年（1958）には、当時の日本国内の4大タイトル（全日本総合、全日本実業団、都市対抗、国民体育大会）を独占。さらに、昭和34年（1959）から昭和41年

（１９６６）まで２５８連勝という大記録を打ち立てた。〝東洋の魔女〟は、この間の昭和36年（１９６１）、欧州遠征では22戦全勝を達成した時に、驚嘆した海外メディアから進呈された異名である。

東京五輪の競技種目が正式に決定されたのは昭和36年6月のＩＯＣ総会でのこと。当時の規定では、開催国は新種目を2競技まで選べたため、わが国としては、柔道とともに、女子のメダルがほぼ確実であったバレーボールを新競技として提案したのである。

昭和37年（１９６２）、モスクワで開催された第4回世界選手権で、日本代表はバレー王国だったソ連に3－1で快勝し、名実ともに世界一となった。

頂点に立ったとき、主将の河西昌枝は29歳。「もう私のバレーボールは終わり。辞めて、結婚でもしようかな」と考えたという。彼女以外にも、これを花道に結婚・引退するか、五輪のために、あと2年バレーボールを続けるか、悩む選手が少なかったという。

そんな彼女たちに大松は言った。

俺についてこい。

それからほどなくして、昭和38年（１９６３）1月、郵政省の担当デザイナーだった渡辺三郎らが大阪に出張し、五輪募金切手の原画作成のため、日紡貝塚の練習風景を取材した。

取材を受けた日紡貝塚側は、自分たちの切手が出るということで大喜び。主将の河西をはじめベストメンバーによる模範試合を行った。ちなみに、切手に取り上げられている選手のモデルは、アタックを打つゼッケン3番が宮本恵美子、その脇の1番が河西と思われる。

日本中の期待を背負って切手にも描かれた東洋の魔女たちは、期待に応えて東京五輪で金メダルを獲得した。

後年、河西（五輪後に結婚して中村姓となる）はこう語っている。

日本中の声援が忘れられません。…（中略）…プレッシャーでもなんでもなく、こんなに応援してくださっているのだから金メダルをとるしかないと思っていました。

1回休み　おてつきコラム

駒沢体育館

昭和39年（1964）10月23日、バレーボール日本代表がソ連代表を3-0で下して、東京五輪の金メダルを獲得した。そのテレビ視聴率は66.8%。これは、日本のスポーツ中継史上最高で、今後も破られることはないだろう。試合が行われたのは、五輪開催を記念して整備された駒沢オリンピック公園総合運動場の屋内球技場。しばしば誤解されるが、東京五輪の記念切手に取り上げられた駒沢体育館（正式名称は駒沢オリンピック公園総合運動場体育館）とは別の建物である。ちなみに、駒沢体育館ではレスリング競技が行われ、日本選手は5つの金メダルを獲得した。

1964・10・10発行　第18回オリンピック東京大会記念「駒沢体育館」C418

くろ髪の千すじの髪のみだれ髪

いうまでもなく、鳳（与謝野）晶子の歌集『みだれ髪』の一首で、「かつおもひみだれおもいみだるる」と続く。

『みだれ髪』の中には、ほかにも〝みだれ髪〟をモチーフにした歌が複数あるが、歌集の官能的な内容を最も端的に表したのが、「くろ髪の～」である。

ところで、歌集の装丁を担当したのは、当時33歳で、東京美術学校助教授だった藤島武二だ。歌集3頁に「表紙畫みだれ髪の輪郭は戀愛のハートを射たるにて、矢の根より吹き出でたる花は詩を意味せるなり」との文章があるように、藤島の表紙絵は、歌集のエッセンスを端的に表現し、和製アールヌーボーの代表的なデザインとして、歌集ともども歴史に名を残している。

『みだれ髪』の刊行から2年半後の明治37年（1904）2月、日露戦争が勃発。すると、同年9月、晶子は出征した弟の無事の帰国を祈って雑誌『明星』に「君死にたまふことなかれ」を発表し、彼女をめぐる論像は、『みだれ髪』の頃とは様相が一変する。

これとほぼ時を同じくして、9月22日から11月13日まで、上野公園では第9回白馬会展覧会が開催され、藤島の作品「蝶」が展示された。

『みだれ髪』のインパクトが薄れつつある中で発表された「蝶」だが、ある意味で、『みだれ髪』の装丁以上に、歌集の内容に寄り添ったものだった。

それは、二人の少女がよく似ているというだけではない。『みだれ髪』の少女の接吻を待っているかのような

おてつきコラム　1回休み

鳳晶子と『みだれ髪』

雑誌『明星』の主宰者で妻子持ちの与謝野鉄幹（本名・寛）が鳳晶子（本名・志よう）と出会ったのは明治33年（1900）8月。2人は恋に落ち、明治34年（1901）正月、京都粟田の宿で結ばれた。しかし、同年3月には「処女を狂わしめたり」と鉄幹を批難する怪文書が出回り、妻の滝野は家を出た。すると、6月6日、晶子は上京して鉄幹と同棲。『みだれ髪』はその間の恋情を歌った399首を収めた晶子の処女歌集で、8月15日の刊行。9月に鉄幹と滝野の離婚が正式に成立すると、10月、晶子は鉄幹と結婚し“与謝野晶子”となった。ゆえに、“「みだれ髪」与謝野晶子”という20世紀デザイン切手のキャプションは、厳密には鳳（与謝野）晶子とすべき。

1999.8.23発行　20世紀シリーズ　第1集　「与謝野晶子『みだれ髪』」C1727c

うゐのおくやま　けふこえて

く

1966.4.20発行　切手趣味週間「蝶」
C457

風情に対して、「蝶」の少女は実際に花に唇を寄せ、蜜を吸っている。

画面では乳首こそ描かれていないものの、胸元を大胆にはだけた「蝶」の少女からは、何とも言えない色香が漂ってくる。まさに、これこそが、『みだれ髪』の中の最も有名な一首「やは肌のあつき血汐にふれも見でさびしからずや道を説く君」の〝やは肌〟のイメージではあるまいか。小林古径の「髪」（24頁参照）が乳首を露出した半裸の少女を描いていながら、全く色香が感じられないのに対して、服を着ている「蝶」の方がはるかにエロティックである。

ちなみに、藤島の弟子で、洋画家の内田巌（美術史的には、戦後画壇で藤田嗣治の戦争責任を執拗に追及した左翼的な政治活動で有名）は、師の代表作「蝶」に寄せて、こんな詩を書いている。

女の情熱は
いつも唇に花を喰えては
丸い指の輪の中に吹き棄てる
瞬間の魔術の凝視
花は唇に吹かれて蝶となり
群れ羽搏きつ、
女の肘に髪へとまつはる

内田の詩の最後でも歌われている少女の髪は、いわゆる〝みだれ髪〟ではないが、〝千すじの髪〟の黒々とした豊かさは見る者を大いに魅了する。

この作品の画面構成における〝髪〟の重要性については、郵政省も十分に認識していたようで、昭和41年（1966）の趣味週間切手に「蝶」を取り上げるにあたって、印刷局に対しては、グラビア4色刷の上に凹版を1色かけて5色刷としてほしいとの要望を出している。これに応えて、印刷局は、グラビア5色のうちの1色分を局式凹版に変え、見事な仕上がりの切手を世に送り出した。

(や) ましろの 吉弥結びに 松もこそ

縫箔《ぬいはく》（刺繍と金銀の箔で布地に装飾を施すこと）師の息子として安房国平郡保田本郷（現・千葉県鋸南町）に生まれた菱川師宣《ひしかわもろのぶ》は、明暦3年（1657）の江戸大火（明暦の大火）の後、江戸に出て、まずは日本橋村松町（現東日本橋一丁目）に居を構え、縫箔の仕事をしながら、上絵（布地の白く染め抜いたところに別の色で絵や文様を描くこと）の技を磨くためもあって、狩野派や土佐派など、幕府や朝廷の御用絵師の技法を学んだ。

村松町近くの両国橋西側、現在の東日本橋二丁目にあたる地域には、大火の後、火除地が設けられたが、いつの間にかこの空地を利用した軽業や見世物の小屋、水茶屋などが立ち並ぶ繁華街になった。

師宣はここの芝居小屋に足しげく通い、役者や観客の様子を描きためていた。研究熱心な彼は、吉原にも足を延ばして、大門をくぐり遊郭の隅々までスケッチして、ストックを蓄えていった。これは、彼が副業として書物の挿絵の仕事をするうえで、大きな財産となる。

それまでの書物では、絵はあくまでも文章の添え物にすぎなかったが、師宣は光源氏や十二単の姫君たちの秘め事をリアルな筆致で描いて見せ、古典をぐっと庶民に身近な存在にした。以後、絵を中心に据えた絵本が人気商品となる。

さらに、書物とは別に、吉原遊郭などの風俗（もちろん、春画も少なからず含まれる）を題材に、木版摺りの一枚絵を制作。版画を〝商品〟として成り立たせ、浮世絵版画の基礎をつくるとともに、絵画の大衆化に道を開いた。

こうして師宣は、縫箔師ではなく、画家として世に知られる存在となり、彼の描く江戸の女性は、榎本其角が編んだ俳諧集『虚栗《みなしぐり》』で服部嵐雪が「菱川やうの吾妻俤《あづまおもかげ》」と詠むほど持てはやされた。

ところで、嵐雪の句は其角の発した「山城の吉弥結《きちやむす》びに松もこそ」に応じたものだが、ここでいう吉弥結びは、延宝年間（1673〜81）、女形の人気役者・初代上村吉弥が考案した帯の結び方。一丈二尺の帯を後ろで片結びにするもので、結び目の両端を犬の耳のように垂らしたスタイルは、それまで六尺五寸の規格品しかなく、ただ横に結ぶだけだった女帯のスタイルに革命をもたらした。

師宣の代表作で昭和23年（1948）の趣味週間切手にも取り上げられた

1948・11・29発行　切手趣味週間記念「見返り美人」
C140

「見返り美人」では、この吉弥結びを中心に、娘の着物が細かく描かれている。

　すなわち、娘の振袖は、緋色に花の地文を織りだした綸子《りんず》に、桜と菊の花丸模様を刺繍で表わしたもの。大型の桜と菊の花丸模様は貞享年間（1684～87）に流行したもので、桜の花丸は、金糸による大桜を中心に浅葱と小桜を周囲に配し、菊の花丸は金糸縫いの菊花を巡らせた中央を鹿の子絞りで埋めている。

　まさに、縫箔師としてスタートした師宣ならではの緻密な描写である。

　なお、この絵は現在、「見返り美人」という題名が定着しているが、これは近代に入ってからの命名で、原題は不明。

　たしかに、着物に費やしたエネルギーに比べて、娘の顔の描き方は至極淡白で、師宣の意識では〝美人〟がこの絵の主役だったとは思われない。むしろ、着物を美しく見せるために、歩みの途中で後方に視線を送る姿を描いていることからも、やはり、この絵の主役は吉弥結びの振袖とみるのが妥当だろう。

おてつきコラム　1回休み

師宣の継承者・懐月堂

　元禄7年（1694）、師宣が亡くなると、工房は長男の師房が継いだが、長くは続かなかった。その後、師宣の画風は懐月堂安度《かいげつどうあんど》によって復活。安度は、元禄末から正徳初め（1700-13）にかけ、浅草諏訪町（現駒形1・2丁目付近）に工房・懐月堂を設け、「懐月堂様式」と呼ばれる立ち姿の美人画を量産し、人気を博した。しかし、正徳4年（1714）、風紀粛清の余波を受けて安度が遠島となり、懐月堂は急速に衰退した。昭和54年（1979）の趣味週間切手には、安度の作品（左）と弟子の度繁の作品（右側）が取り上げられている。

1979.4.20発行　切手趣味週間
「立美人図」　C807-808

ま

つまのさくら
咲《さき》そめて

喜多川歌麿の「ビードロを吹く娘」は、「婦人相學十躰《ふじんそうがくじってい》（画面上の文字から婦女人相十品《ふじょにんそうじっぴん》とも呼ばれる）」の一品で、寛政4～5年（1792～93）頃の制作と考えられている。初版は現存数がきわめて少なく、東京国立博物館の所蔵品も決して状態が良くはないが、それでも門外不出の〝秘宝〟となっている。

昭和30年（1955）の趣味週間切手では、東博所蔵品の雲母《きら》摺りの古びた感じや、全体の退色した色調も忠実に再現されたため、全体にくすんだ感じに仕上がった。これはこれで趣がないわけではないが、歌麿が意図したであろう、衣装の華やかさは伝わるまい。娘の振袖は紅色の市松模様だ。

市松模様は2色のタイルを交互に並べたようなデザインで、日本古来の文様として、もともとは〝石畳〟と呼ばれていた。ところが、寛保元年（1741）、歌舞伎役者の初代佐野川市松が「心中万年草《しんじゅうまんねんそう》」の主人公・成田粂之介《なりたくめのすけ》を演じた際、紺と白の〝石畳〟の裃《かみしも》（袴という説もある）を着用して評判となり、市中でもそれが大流行。以来、彼の名を取って市松模様と呼ばれるようになったとの由来がある。

歌麿が生まれた宝暦3年（1753）

ま

1955.11.1発行　切手趣味週間
「ビードロを吹く娘」
C252

日本切手美女かるた

より も10年以上も前、「ビードロを吹く娘」より半世紀ほど昔の話だ。

さて、振袖の市松模様には、桜の花が散らされていることに注目したい。

王朝の昔から、桜は春の代名詞だが、くわえて、江戸の世では、若者の初々しさや純真さの比喩としても使われた。

たとえば、初代市松と同時代人で、歌麿の生まれる3年前、寛延3年（1750）に亡くなった浮世絵師・西川祐信《すけのぶ》の手になる春本『風流御長枕《おんながまくら》』には「十三四のむすめこそ 松間のさくら咲そめて色香はしる人ぞしるや」との詞書のついた春画もあり、桜の花が性の目覚めを示す記号になっている。

絵の中でビードロを吹いている娘は、振り袖姿だから元服前で、おそらく年は13か14。まさに、祐信の詞書でいわれているお年頃だ。

さらに、彼女の締めている帯は、松皮菱《まつかわびし》の小紋柄になっている。

松皮菱は、大きな菱形の上下に小さな菱形を重ねた模様で、松の樹皮の割れ目に似ていることからこの名がついた。

15にならない振袖の娘と桜に松の組み合わせ。これこそまさに、祐信の言う「松間のさくら咲そめて」というモチーフそのものではないか！

生前、〝絵の名人〟とも〝浮世絵の聖手〟とも称された祐信のことは、おそらく、歌麿もかなり意識はしていたであろうが、あるいは、「ビードロを吹く娘」にも『風流御長枕』への秘かなリスペクトがあったのかもしれない。

ところで、趣味週間切手の「ビードロを吹く娘」は、一部のシートの9番切手に、顎にほくろの定常変種がある。

人相占いによれば、唇の斜め下にあるほくろは〝艶ほくろ〟といって、異性にもて、料理上手で床上手の相だという。

絵の中では無邪気にガラス細工で遊ぶ娘は「幼くていまだ恋を知らず」といった風情だが、いずれ遠からずその身の蕾もほころび、彼女の艶ほくろを実感する男が現れるに違いない。

1回休み　おてつきコラム

ビードロとぽっぺん

ビードロとはもともとはポルトガル語の“vidro”で、直訳するとガラスの意味。江戸時代には、漢字で“硝子”の字を当てていたが、明治以降、この表記はオランダ語や英語に由来する“ガラス”と読まれるようになったという。ちなみに、2003年にポルトガルが発行したガラス製品の切手にも、しっかりとこの文字が入っている。

歌麿の浮世絵のビードロは、吹いて音を出す玩具で、その音から“ぽっぺん”などとも呼ばれる。この玩具は底が非常に薄いため、息を吹き入れたら口を離して息を抜く。吸い込むと底のガラスが割れて危ないからだ。ここから、懐が薄い、すなわち手元不如意の人を“ぽっぺんの尻《けつ》”という隠語が生まれた。

ポルトガル　2003年

け　ふは帝劇　あすは三越

東京・丸の内の帝国劇場（帝劇）が明治44年（1911）3月1日にオープンした当時、「けふは帝劇　あすは三越」のコピーが流行語となった。帝劇が先に出てくるので誤解されがちだが、コピーを作ったのは三越の広告担当の浜田四郎で、あくまでも「あすは三越」に来てもらうことが主眼である。

岡田三郎助の「婦人像（むらさきしらべ）」が三越最初の女性ポスターに登場したのは、このコピーが世に出る少し前の明治41年（1908）のことだ。モデルとなった高橋楊子は、明治15年（1882）、平岡熙《ひらおかひろし》の次女として生まれた。平岡の本業は鉄道技師で日本初の民間鉄道車両メーカー、平岡工場の設立と経営に携わったほか、日本初の本格的野球チーム「新橋アスレチック倶楽部」を創設し、平岡吟舟の芸名で三味線の東明流を創始した粋人だ。

その次女だった楊子も芸事の才に長け、柳舟の芸名で東明流の作曲や教授で知られた。なるほど、鼓を打つ彼女の姿がさまになっているはずである。

その楊子が嫁いだ相手が三越の社長を務めた高橋義雄である。義雄は文久元年（1861）生まれ。時事新報の記者から洋行を経、三井に入社し、銀行勤務を経て明治28年（1895）、三井呉服店の理事に就任。それまでの座売り形式を改め、陳列場（ショーウインドー）を新設し、現在の百貨店では当たり前となっている立売りを始めた。

三井呉服店は、明治37年（1904）、株式会社三越呉服店に改組し、「デパートメントストア宣言」を行って日本初の百貨店となり、翌明治38年（1905）には、主要新聞や雑誌等に大々的に広告を掲載。これを機に日本の広告業界をリードしていく存在となる。

切手に取り上げられた「婦人像」は、明治40年（1907）、東京勧業博覧会で一等賞を受賞した作品。当時の楊子は25歳。髪も衣裳も元禄風に扮装を凝らした彼女が撫子を散らした金屏風を背に鼓を打つ姿には、きらびやかな中にも落ち着いた上品さが感じられる。

一方、三越にとっての明治40年は、大阪の旧越後屋跡地に大阪店が開店した年だった。その宣伝のため、明治42年（1909）、義雄は若妻を描いた岡田の作品を大きく引き伸ばし、大阪駅前に掲げた。岡田の作品はポスターとして複製され、日本全国にばらまかれていった。たしかに、楊子は全国民に自慢したくなるような美人ではあるが、深窓の令嬢・令夫人という言葉が生きていた時代にあっては、ずいぶんと大

うねのおくやま　けふこえて

1970.4.20発行　切手趣味週間「婦人像」
C555

け

胆な行動だったことは間違いない。
こうして、三越百貨店の地歩を固めた義雄は、帝劇がオープンした明治44年、50歳にして実業界から完全に引退。以後、箏庵《そうあん》の号で茶道三昧の生活を送り、一舟の芸名で東明流の家元としても活動した。ちなみに、一舟作詞・柳舟作曲の夫婦合作の作品は、華麗で繊細な曲調が高く評価されている。

「けふは帝劇〜」のコピーが広く人口に膾炙《かいしゃ》するのは、義雄が三越の経営から退いた後のことだ。

初期の帝劇というと、松井須磨子のハムレットや三浦環の歌曲のイメージが強いが、日本の古典芸能の舞台としても使われていたから、彼ら夫婦の手帳にも「けふは帝劇　あすは三越」と書き込まれていたことがあったに違いない。

1回休み　おてつきコラム

制定シートは三越で売られた

わが国最初の小型シートは、昭和9年(1934) 4月20日に「逓信記念日制定記念」として発行された“制定シート”だ。逓信記念日は、明治4年3月1日(1871年4月20日) の日本郵便創業の記念日で、昭和8年(1933)3月に通信事業特別会計法が公布され、逓信省が管掌する通信事業は独自の会計を持つことになったことを記念して、昭和9年を第1回として設けられた。これを記念して、東京・日本橋の三越百貨店と当時牛込見附内にあった逓信博物館の2会場で行われたのが逓信記念日展覧会で、制定シートは両会場内だけの限定販売だった。三越は、日本の郵趣史にもその名を刻んでいるのである。

1934.4.20発行　「逓信記念日制定記念」　芦ノ湖航空4種組み合わせ小型シート　C56

ふ
うぞく上 おもしろくない

西暦3世紀末の『魏志倭人伝』には、すでに倭國では潜水漁をする海人《あま》が活動していたとの記述がある。

この海人は必ずしも志摩半島の者ではないだろうが、時代は下って、『万葉集』には、「御食《みけ》つ國　志摩の海人《あま》ならし　真熊野《まくまの》の　小舟《おぶね》に乗りて　沖へ漕ぎ見ゆ」という大伴家持の歌があり、奈良時代までには、〝御食つ國〟として朝廷に食材を献納する地・志摩が熊野舟を使った海人の本場となっていたことがわかる。

1996.5.8発行　ふるさと切手三重版
「伊勢志摩の海女」
R184

ふ

海人は男の〝海士〟、女の〝海女〟と書き分けられることもあるが、どちらも読み方は〝あま〟。このうち、海士よりも海女がさかんになった理由としては、次のようなものが挙げられている。

(1)沖合での漁は男、沿岸での潜水漁は女という男女による分業体制の成立。
(2)女は男に比べて皮下脂肪が厚く、体型・体質的に長時間の潜水作業向き。
(3)伊勢神宮の斎宮の祖とされる倭姫命《やまとひめのみこと》が、鳥羽の海女が採ったアワビを称賛し、神宮に奉納するように命じたという、記紀神話の故事にちなむ伝統。

はたして、志摩の俗謡には「志摩のアネラは長持いらん、ノミとサワラの桶ひとつ」と詠われた。志摩の女は、海女としてアワビを起こすノミとサワラの木で作った磯桶だけあれば、十分に稼げるので、嫁入り道具も必要ないというのだ。

ところで、スウェットスーツのなかった時代には、海中では裸の方が水の抵抗が少ないというのが常識だったから、海女たちは真冬でも上半身裸で、腰には磯ナカネ（もめんの布）を巻き付け、頭には木綿の鉢巻をしただけの格好で作業をするのが当たり前だった。

ところが、日本が朝鮮半島を統治するようになり、朝鮮沿岸にも日本人の海女たちが出稼ぎに行くようになると、大和撫子が異民族の前でも上半身裸でうろついては、世界に冠たる一等国・大日本帝国の沽券にかかわるという発想が生まれてくる。ちなみに、大正10年（1921）に三重県警察部衛生課が発行した「蜑女《あま》（海女と同じ）について」と題する文書には「往時は『磯シャツ』を用いず、上半身は裸体のまま潜入したるも、朝鮮へ出稼ぎをなすに至り、風俗上の考慮より『シャツ』を着用することになり、爾来郷村に於ける作業にも『シャツ』を用いるに至れり」との報告がある。

それでも、木綿の磯シャツを着用すると作業効率が落ちるので、昭和初期には依然として上半身裸で漁をする海女も多かったようで、昭和８年（１９３３）９月20日付の『大阪朝日新聞』には「風俗上おもしろくないので、パンツをつけ、上衣は女學生のまとっているやうなシャツを義務つけた」との記事も見られる。

その後、昭和の戦争が終わるまでには、白い磯シャツは海女のシンボルとしてすっかり定着。昭和40年代以降はウェットスーツも導入され、現在の海女は、白い磯シャツの下にウェットスーツを着るのが一般的だという。

平成８年（１９９６）に発行の「ふるさと切手（三重県）」に取り上げられた伊勢志摩の海女も、当然、そうした現代風のスタイルになっている。もちろん、時代の流れでやむを得ないことではあるのだが、かつての伝統的なスタイルと比べると、ウェットスーツの海女なんてどうにも「風俗上おもしろくない」。

1回休み　おてつきコラム

乳出しチョゴリ

三重県警は日本の海女が朝鮮に出稼ぎする際に上半身裸なのは問題だとしていたが、朝鮮でもかつては胸を露出する女性は珍しくなかった。李朝時代には、現在のブラジャーに相当するものはなく、女性はチマ（スカート）ないしはチマの下に着るソッチマを“さらし”のように胸にきつく巻き、その上からチョゴリを羽織っていたが、これでは授乳に不便である。このため、庶民の間では、自然と、乳飲み子を抱えた母親は胸を露出したままのことが多かった。1979年の韓国切手に取り上げられた申潤福の名画「端午節」でも、画面の右手前、頭に荷物を載せた後姿の女性が、チョゴリの裾から乳房を出しているのが確認できて、風俗史の点から興味深い。

韓国　1979年

こは一人の母を養うことなし

弘安3年10月3日（1280年11月4日）、尾張刑部左衛門尉の妻が身延山の日蓮聖人に、母の第十三回忌の供養のためお布施を送った際に、日蓮は彼女の孝心を称えるとともに、親を軽んじる世の風潮を嘆いて「親は十人の子をば養えども、子は一人の母を養うことなし」と述べたという。

もっとも、親不孝者の僕が言うのもおこがましい話ではあるのだが、仏教の祖であるゴータマ・シッダールタ（以下、釈迦）だって、母への孝養という点では、褒められた人物とは言えまい。

釈迦の母親マーヤー（麻耶夫人）は、紀元前566年（異説もある）、六牙の白象が体内に入る夢を見て懐妊し、ルンビニー（現ネパール領）の庭園で沙羅双樹の枝に触れた時に産気づいて、右腋の下から釈迦を産んだとされる。

古代のインド世界では、バラモン（僧）は神の頭から、クシャトリア（貴族）は神の腋から、ヴァイシャ（商工業に携わる平民）は神の股間から、シュードラ（奴隷）は神の足首から生まれると考えられており、釈迦の生誕伝説もこれを踏まえたものだ

昭和56年（1981）年に発行された410円の普通切手には、7世紀に作られた銅製鍍金《めっき》の摩耶婦人像が取り上げられているが、この像も、衣の右袖から釈迦が頭を出している場面が再現されている。像を作ったのが日本人であれ、大陸・半島からの渡来人であれ、遠く離れたインド北部の風俗など知っていようはずもないから、まぁ、服装や髪形が当時の日本の貴族女性のそれと同じになっているのはご愛嬌だろう。

股間だろうが腋の下だろうが、肉を切り裂いて子供が体から出てくるのだから、夫人の体には激痛が走ったに違いない。その痛みの中で、彼女は、生まれたばかりの息子がいきなり七歩歩いて右手で天を、左手で地を指して「天上天下唯我独尊」と言うのを目撃した。釈迦の言葉の本来の意味は、「自分という存在は誰にも変わることのできない人間として生まれており、この命のまま尊い」ということなのだが、単純化していえば「全世界で自分が一番尊い」という意味だ。

釈迦が偉大な聖人として歴史に名を残すのはまだずっと後のことで、この時点では、そもそも無事に育つかどうかも分からぬ乳児である。自らの乳を吸うよりも前に、二本足で立ち、母である自分を無視して妙なことを口走る息子を見て、この子の将来はどうなってしまうのかと不安に感じたというの

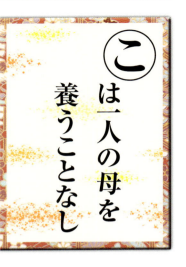

こ

1981.1.20発行　新動植物国宝
1980年シリーズ「摩耶夫人像」
＃476

が正直なところだろう。

はたして、摩耶夫人は釈迦の生後7日目に亡くなり、その後の息子が過ごした波乱万丈の人生を目にすることはないまま、帝釈天の住む忉利天《とうりてん》に転生するから、それはそれで幸せな人生といえるのかもしれない。

一方、実母の死後、叔母（摩耶夫人の妹）のマハー・プラジャパティー（摩訶波闍波提）に育てられた釈迦は、29歳の時に出家し、6年の修行の後、悟りを開いた。ここに至り、ようやく、釈迦は母親を思う余裕が出て、忉利天に上り、摩耶夫人に説法して彼女を浄土に導いた。釈迦、最初で最後の母親への孝養である。

1回休み　おてつきコラム

ネパールの摩耶婦人

釈迦というと“インドの人”というイメージが強いが、彼の出生地のルンビニーは現在のネパール領にある。そのネパールでは、ルンビニーにある摩耶夫人のレリーフを取り上げた切手を2008年に発行した。

切手に取り上げられたレリーフは西暦8世紀頃のもので、日本の切手に取り上げられた像よりも時代的には新しい。

レリーフでは、肉感的なスタイルの夫人が沙羅双樹の枝につかまり、脇を開けたポーズを取っており、その下に、裸の釈迦が立っている。

また、釈迦の頭上には、彼の誕生を祝う二天が釈迦に浄水を灌いでいるようすも彫られている。

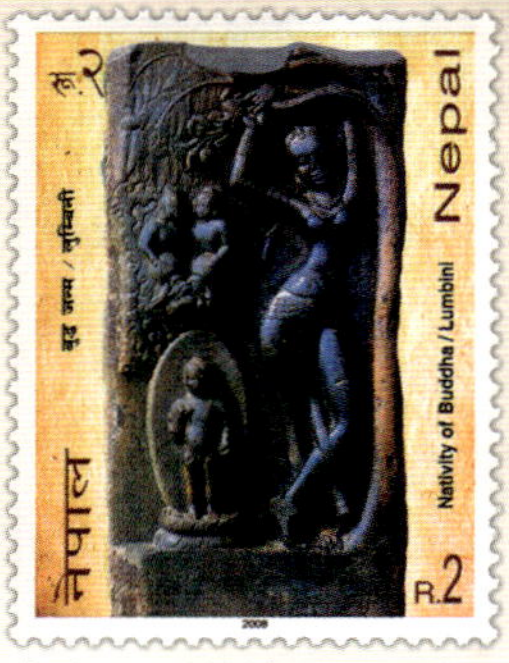

ネパール　2008年

え いえんに 女性的なるもの

ゲーテの『ファウスト』は最後、〝Das Ewig-Weibliche Zieht uns hinan.〟との文言で幕を閉じる。この一文は、直訳すると「永遠に女性的なるものが、われらを引き、昇らせる」ということになるのだが、古い邦訳だと「久遠の女がわれらを導く」という表現もあった。

難解でわかりづらい表現なので、正確に理解できているかどうか自信はないのだが、前後の文脈からすると、「罪ふかく穢れた我々の生活は、女性の愛によって、浄められ高められ償《つぐな》われて、無限悠久の生命を得る」ということのようだ。

久遠という語は、もともとは仏教用語で〝長く久しいこと〟を意味し、とてつもない遠い過去もしくは未来のことを指すという。だから、言葉の本来の意味で目の前にいる生身の女性に「あなたは久遠の女性(=遠い過去に生まれたバアさま)ですね」というと、ほぼ確実に人間関係を悪化させると思うのだが、実際には〝久遠〟は〝永遠〟と同じ意味で〝久遠の理想〟などという表現もあるから、「あなたは僕にとっての久遠の女性だ」というのは、十分に口説き文句になりうる。ただし、相手にきちんと言葉の意味が伝われば、の話だが。

こんなことを考えたのは、近代美術シリーズに取り上げられた村上華岳の「裸婦」について、作者の華岳本人が「(この絵が目指していたのは)人間永遠の憧憬の源であり、理想の典型である。『久遠の女性』として描いた」と説明しているからだ。

「裸婦」は、大正9年(1920)、京都の若手画家が組織した国画創作協会の第三回展覧会(国展)に出品された。

この絵を制作する際、華岳は、インド・アジャンター石窟寺院の壁画とダ・ヴィンチの女性像を参考にしたという。

なるほど、耳飾、胸飾、首飾、臂釧《ひせん》、腕釧《わんせん》といった装身具を着け、放漫な乳房も透けて見えるほどの薄絹をまとった姿は、たしかに、古代インドの仏教美術を思わせるが、女性の表情にはどこかイタリア絵画に通じる雰囲気がある。

華岳は、また、この作品について次のようにも言っている。

私はその眼に観音や観自在菩薩の清浄さを表わそうと努めると同時に、その乳房のふくらみにも同じ清浄さをもたせたいと願ったのである。それは肉であると同時に霊であるものの美しさ、髪にも口にも、まさに腕にも足にも、あらゆる諸徳を具えた調和の美しさを描こうとした。それが私の意味する「久遠の女性」である。

この絵の制作にあたって、華岳がゲーテの『ファウスト』を意識したかどうかは定かではない。ただこの裸婦が〝久遠の女性〟として、たしかに観音菩薩に匹敵する霊力を備えているのではないかと思わせるエピソードはある。

昭和31年（1956）、この絵が松屋百貨店で展示されたことがあった。そこへ、自殺を考えていた女性が訪れ、たまたまこの絵の前に立ったところ、母親から「生きなさい」と言われているような気がしたという。さらに見ていると、姉からも「死んではいけない。元気を出しなさい」と励まされたように感じ、自殺を思いとどまったのだという。

まさしく、〝久遠の女性〟は、悩める彼女を導いたのだ。

え

1979.11.22発行　近代美術シリーズ
第４集　「裸婦」
C816

おてつきコラム　1回休み

アジャンターの石窟寺院

インド　1971年

アジャンター石窟寺院は、西インドのマハラーシュートラ州北部の断崖をくりぬいた大小30の石窟で構成されており、紀元前1世紀頃から紀元後6世紀半ば頃にかけて作られたと考えられている。長らく忘れられた存在となっていたが、1815年、ハイデラバード藩王（地方君主）に招かれて狩りをしていた英国人士官が偶然に発見し、世界的に知られるようになった。このうち、6-7世紀に開かれたとされる第1窟の壁画、蓮華手菩薩像は右手にハスの花を1輪手にした姿で、日本にも大正時代初期に紹介され、法隆寺金堂壁画のルーツとして有名になった。昭和46年（1971）にインドが発行したユネスコ25周年の記念切手にも取り上げられている。

て
てんに偽り
なきものを

淡麗ではあるが無表情な顔のことを“能面のような顔”と呼ぶことがある。このときの“能面”としてイメージされているのは、70円の普通切手に取り上げられた増女《ぞうおんな》のような顔であろう。

増女は、世阿弥と同時代に田楽能の名手と謳われた増阿弥《ぞうあみ》が創始した。

増阿弥は世阿弥の『中楽談義』で「冷えに冷えたり」と称された芸風で、尺八の名手でもあったらしい。増女は彼の妻がモデルともいわれるが、確証はない。

さて、切手に取り上げられた面は、増阿弥みずから打ったとされる節木増《ふしきぞう》だ。

この面は、節のある檜を使って作られたが、その結果、鼻の左側のつけねから脂《やに》がにじみ出てうす青いシミができた。通常なら、シミの部分は塗りなおすのだが、この場合はそれを含めて素晴らしい仕上がりになったため、あえてそのまま“節木増”の面として用いられた。

増阿弥の後、この面は宝生流宗家に伝えられ、昭和38年（1963）には国の重要文化財に指定された。普通切手に取り上げられたのは、その2年後、昭和40年（1965）のことである。

ところで、増女は愁いを含む引き締まった顔立ちで、気高く神聖なイメージがある。同じ若い女の面であっても、小面《こおもて》（可憐で優しい純真な美女）や若女《わかおんな》（小面よりやや年上の端麗な美女）のような明るさや愛らしさとは無縁で、それゆえ、神や仏の相として用

て

1965.8.20発行　第３次動植物国宝
切手　「増女」
#377

いられる。

その代表的な演目が、いわゆる羽衣伝説に取材した「羽衣」だ。

駿河の国の三保の松原に住む漁夫の白龍《はくりょう》は、あるとき、松の枝にかけてある羽衣を見つけたので、それを持ち帰ろうとした。すると、天女が現れて声をかけ、羽衣を返して欲しいと彼に頼んだ。

白龍は、はじめ、羽衣を返そうとはしなかったが、「それがないと、天に帰れない。」と悲しむ天女の姿に心を動かされ、天女の舞を見せてもらう代わりに、衣を返す約束をする。

そのやり取りの過程で、羽衣を返してしまったら、舞を舞わずに天に帰るのだろうと疑う白龍に対して、天女は言う。

いや疑いは人間にあり、天に偽りなきものを（大意：いえ、他者を疑うのは人間界のみのことで、天人は嘘をつかないので、天上界ではありません）

根は正直者の白龍は、そんな天女の言葉に深く恥じ入り、素直に衣を返した。たしかに、この台詞にふさわしい天女の顔は、増女のように、冷たいくらいに気高いものでなければ説得力もあるまい。

さて、無事に羽衣を着た天女は、月宮の様子を表す舞いなどを見せ、さらには春の三保の松原を賛美しながら舞い続け、やがて彼方の富士山へ舞い上がり、消えていく。

ちなみに、一般に知られている昔話では、もともと、天女が裸で水浴しているところを覗き見した男が、その美しさにひかれ、彼女を天界に返すまいとして羽衣を隠したうえ、弱みに付け込んで彼女と結婚し、子供までなしてしまうものの、最後は天女が羽衣を見つけて天に帰っていく…というストーリーだ。

人間の男としては、昔話のような行動をとるケースが圧倒的に多いのではないかと思う。やはり、並の美女では、増女のようにはいかないのである。

1回休み　おてつきコラム

羽衣

女の面をつけて羽衣を演じている場面は、古典芸能シリーズの切手にも取り上げられている。

切手は、「東遊びの数々に、東遊の数々に、その名も月の宮人は、三五夜中の空に又、満月真如の影となり（大意：東遊びの舞を数々舞ううち、この月に住む天女は、十五夜の月が照らす夜空に舞い上がり、真如を示す満月の光となって輝き）」の地謡で天人が舞を舞っているクライマックスの場面。演者は宝生九郎だ。また、右手前の松の作り物は三保の松原を示している。

なお、切手としての原画構成は、亀田邦平の撮影した写真をもとに、郵政省の技芸官だった大塚均が担当した。

1972.9.20発行　古典芸能シリーズ　第4集「能　羽衣」　C569

異国の美女たち

近年、外国との友好関係の切手などで、外国人の女性を取り上げる切手も増えてきた。〝日の本切手 美女かるた〟のお題ゆえ、本編で取り上げるのは違和感があったが、こうして並べてみると、各国のお国柄が伺えて楽しい。

2010.3.23.　サンマリノ共和国 「共和国」 C2072a

2009.10.16.　日本オーストリア交流年2009　オーストリア皇妃エリザベートの肖像画 C2068d

2007. 5 .23.　2007年日印交流年　インド細密画　C2018g

2007.9.26.　国際文通グリーティング（日本タイ修好120周年）　タイ舞踊 G20g　ワット・プラケオ　G20h

1998.4.28発行　日本におけるフランス年　ドラクロワ「民衆を率いる自由の女神」C1670

1987.11.9.　第６回喫煙と健康世界会議記念　トランプで描く喫煙と健康のイメージ　C1212

2014.5.23.　ディズニーキャラクター　白雪姫　G84a

1998.12.2.　日本アルゼンチン修好100周年記念　タンゴを踊る男女　C1692

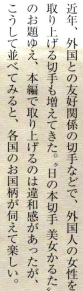

1995.4.20.　青年海外協力隊30周年記念　識字教育
C1518

1996.5.1.　ユニセフ50周年記念
子と母　C1560

2000.3.23.　20世紀シリーズ　第８集
ヘレン・ケラー初来日　C1734a

1991.5.31.　第２回郵便切手デザインコンクール　世界平和
C1338

1988.7.27.　1988世界人形劇フェスティバル記念　影絵の女性　C1233　少女　C1232

1991.5.31.　第２回郵便切手デザインコンクール　民族衣装でお客様のお世話　C1337

2008.6.20.　国際文通グリーティング（赤毛のアン）　グリーンゲイブルズのアン　G24a

2008.11.7.　慶應義塾創立150年記念　三田キャンパス図書館旧館内の大ステンドグラス
C2047h, j

1990.11.1.裁判所制度100周年記念
正義の像　C1320

2009.10.16.　日本オーストリア交流年2009　エミーリエ・フレーゲの肖像　C2068a

2014.8.19.　スヌーピーとピーナッツのなかまたち
スヌーピーとルーシー　G88g

「夏も近づく八十八夜」で始まる文部省唱歌の「茶摘」の一節なので誤解されがちだが、茜襷に菅の笠の組み合わせは、茶摘み専用の服装ではなく、もともとは、奥の細道シリーズに見られるように、早乙女の服装である。

早乙女とは、田植えの日に田の神を迎えるため、水田の一角で苗を田に植える若い女性のことで、村娘たちは、その日だけは、神に奉仕する神聖な存在になる。

そんな彼女たちがハレの日に身にまとった伝統的な衣装が、単《ひとえ》の長着《ながぎ》に赤い襷、白い手ぬぐいと新しい菅笠だったのである。ほぼ同じ時期に行われる茶摘みも、年に一度のハレの日だったために、早乙女と同じ服装になったのだろう。

茜襷は止血効果のある茜草（薬草）で染めた襷で、作業の過程で、傷ついた指先に茜草の成分をすりこむという先人の知恵によったものとされる。田植えに比べて手先が傷つきやすい茶摘みの場合には、なおさら欠かせないアイテムである。

一方、菅笠は竹ひごを円錐状に組み立てた笠骨に、菅の葉を巻きつけ、最後に糸で縫って仕上げる。

さて、切手の絵は「早苗とる　手もとやむかし　しのぶ摺《ずり》」の句をイメージしたもの。元になった句は、芭蕉が、現在の福島市郊外にある〝しのぶもぢずりの石〟を訪ねたときの感慨が詠まれている。

小倉百人一首の「みちのくの　しのぶもぢずり　誰故に　乱れ染めにし

おてつきコラム　1回休み

昭和24年の茶摘み切手

茶摘みを最初に取り上げた日本切手は、昭和24年（1949）11月に発行された産業図案の5円切手（普通切手）だ。額面5円の切手は、当初は炭坑夫のデザインだったが、昭和24年5月に郵便料金の値上げがあって、5円は外国宛の印刷物（50gまで）料金となった。当時は、外国宛印刷物用の料金の切手は緑色とするという万国郵便連合（UPU）の規定が生きていたため、新たなデザイン・刷色の切手として発行されたわけだ。この切手もメインの女性は姉さん被りだが、背後には菅笠姿の女性も描かれている。唱歌「茶摘」のイメージを壊してはいけないという配慮があったのかもしれない。

1949.11.15発行
産業図案切手
「茶摘み」 #315

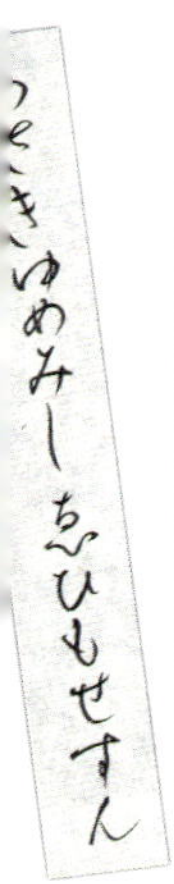
きゆめみしゑひもせすん

あ
1987.8.25発行　奥の細道シリーズ
第３集　「早苗」
C1126
60
NIPPON
日本郵便
早苗とる手もとやむかししのぶ摺
早苗

我なら泣くに」で知られる〝しのぶもぢずり〟は、山繭を紬いで織り、天然染料で後染めをした織物で、福島県の旧信夫《しのぶ》郡が名産地だったため、この名がついた。律令時代には特産品として都に献上され、平安時代から鎌倉時代にかけて全盛期を迎えたが、江戸時代以降は衰退し、現在ではその技術は残っていない。

なお、芭蕉の句の大意は、「早乙女たちが、早苗をとり田植をしているが、その手つきを見ていると、むかししのぶもぢずりをした手つきもあんなものであったろうかと、昔のことがしのばれて、ゆかしいことだ」となろうか。

ところで、早乙女たちは茜襷に菅の笠のスタイルだが、茶摘みの場合、茜襷は必需品でも、菅の笠を用いず、姉さん被りの女性も多かったようだ。

じっさい、茶の名産地・京都宇治では、茶の古木を茶摘女の姿に彫り、彩色した〝茶の木人形〟が江戸時代から作られているが、その考案者の上林清泉以来、笠を被らず、姉さん被りの姿の人形が多い。茶摘みの切手に登場する女性も、たいていは姉さん被りだ。

菅笠は遮光性・通気性には優れているものの、少し強い風が吹くと、ずり落ちたり、飛ばされたりすることが多かったらしい。穏やかな日の平地での田植えならともかく、山の斜面の作業では使いづらいと感じる人もあったのだろう。

ちなみに、文部省唱歌「茶摘」の元ネタの一つと思われる宇治市の茶摘み歌は、「お茶が済んだら早よ帰れよと言うた親より殿が待つ」で始まり、その後しばらくして「竹に雀はしなよくとまれ　とめてとまらぬ　色の道」と歌った後に、「茜襷に菅の笠」のフレーズが続く。

芭蕉は早乙女の手つきに感じるところがあったようだが、田植えであれ、茶摘みであれ、一大イヴェントを終え、気持ちの高ぶった乙女の手が次につかむものは…宇治の茶摘み歌を聞けば、およその想像はつく。

さ

を鹿来《き》鳴く、
初萩の

〝日本の洋画の父〟とされる黒田清輝が、箱根・芦ノ湖畔の旅館「石川」に当時23歳の金田種子を伴って逗留したのは、明治30年（1897）夏のことだ。

慶應2年（1866）、鹿児島に生まれた清輝は、伯父・清綱の養子となり、明治5年（1872）に上京。漢学塾・二松學舎（現二松學舎大学）に通う傍ら、明治11年（1878）、高橋由一の門人・細田季治に鉛筆画と水彩画を学んだ。その後、東京外国語学校を経て、明治17年（1884）、法律を学ぶため渡仏したが、パリで画家の山本芳翠らに出会って画家への転向を決意し、ラファエル・コランに師事した。

明治26年（1893）にフランスから帰国して間もなく、清輝は養父・清綱の決めた相手と結婚したが、すぐに離婚。その後、画家仲間の安藤仲太郎の紹介で知り合った柳橋の芸者・種子が事実上の妻となった。

さ

1967.4.20発行　切手趣味週間「湖畔」
C474

清綱は歌人として天皇の指南役を務め、貴族院議員・枢密顧問官を歴任した人物で〝芸者あがり〟の種子と清輝の結婚を許さなかった。二人が入籍し、種子が照子と改名したのは大正6年（1917）、清綱没後のことである。

さて、明治30年の箱根滞在中、彼女が清輝の仕事ぶりを覗きに行くと、目の前の岩に座るよう促されたという。

言われたとおりに座ると、清輝は大いに絵心をそそられ、下絵も描かずにカンバスに筆を走らせた。ただし、そこは変わりやすい山の気候ゆえ、雨や霧の日などもあって作業は必ずしも順調には進まず、絵の完成までには約一ヵ月を要している。

作品は、団扇を右手に持ち、遠くを見るかのような眼差しで、浴衣を着て岩に腰かける種子を前景に描き、背景に芦ノ湖の静かな湖面と山々が広がっている。作品全体に日本の夏の湿った空気が表現されており、瑞々しい色彩や種子のたおやかな雰囲気との調和が見事である。

また、夏の盛りの絵でありながら、彼女の団扇には秋を示す萩の花が描かれている点にも注目したい。

清輝の義父、清綱の専門である和歌の世界では、『万葉集』以来、萩は鹿との組み合わせで夫婦（鹿が夫で萩が妻）を示すシンボルである。大友旅人には「我が岡に、さを鹿来鳴く、初萩の、花妻《はなつま》どひに、来《き》鳴くさを鹿」という歌があるし、ほかならぬ清綱にも「妻こふる鹿の涙やまじるらん　夕露しげしまのの萩原」という歌がある。清輝もこのことを踏まえて、彼女の持つ団扇に萩の花を描いたのだ。種子という萩に〝妻どひ（求婚）〟している〝さを鹿〟として。

完成した作品は「避暑」の題名で、同年の第2回白馬会展に出品された。「湖畔」に改題されたのは、明治33年（1900）のパリ万国博覧会に出品された後のことである。

清輝は大正13年（1924）に57歳で亡くなるが、照子は切手が発行された昭和42年（1967）の時点では93歳の高齢ながら健在で、東京・北沢の姪の家に同居していた。発行日の4月20日には郵務局長の曽山克巳が彼女の自宅を訪れて切手を贈呈。そのようすはテレビでも報じられ、話題となった。種子が96歳の大往生を遂げたのは、それから三年後の昭和45年（1970）2月13日。訃報記事での彼女の肩書は、いずれも「黒田清輝の妻、『湖畔』のモデル」である。

おてつきコラム　1回休み　芦ノ湖

黒田清輝の「湖畔」で、モデルの種子が腰かけている場所は、湖の南岸の観光船の乗場や箱根駅伝ゴール・スタート地点のすぐ近くである。ただし、「湖畔」の切手を見て、すぐに芦ノ湖を連想する人は必ずしも多くはないと思う。

芦ノ湖を最初に取り上げた切手は、昭和4年(1929)に発行された"芦ノ湖航空"だ。同年4月1日、逓信省は「航空郵便規則」を公布し、内地区内相互間(発着ともに日本本土)ならびに内地と朝鮮・台湾・大連との間で航空郵便を本格的に開始。10月6日、日本最初の正刷航空切手を発行した。切手は、芦ノ湖と上空を飛ぶフォッカー7型3M機を描いていたため、芦ノ湖航空と呼ばれている。

1929・10・6発行
芦ノ湖航空　8½銭　A1

き　せるの雨が降るやうだ

歌舞伎の「助六由縁江戸桜《すけろくゆかりのえどざくら》」の主人公、助六は江戸一番のモテ男。彼が吉原を歩けば、四方八方から煙管が伸びてくるさまを言い表した名台詞だ。

かつての吉原では、〝張り見世〟といって、通りに面した表側に格子をつけた座敷があり、その奥に花魁が打掛を着て並び、客に姿を見せていた。

客は張り見世を格子ごしに覗き、好みの遊女を品定めするわけだが、遊女の膝元には朱塗りの煙草盆に朱羅宇《しゅらう》（朱色の胴）の煙管が置かれていた。

彼女たちは外を歩く客たちの中から、気に入った男がいたら、煙管に煙草をつめて、自らくわえて火をつけて、すぐに据える状態にした〝吸い付けたばこ〟を格子越しに差し出す。厭な客がついてしまう前に、気に入った男を今宵の相手にしようというわけだ。だから、吉原を歩く助六が〝煙管の雨〟を浴びるということは、それだけで、彼のすさまじいまでのモテっぷりがわかる表現になる。

さて、道行く男が格子の中から出てきた煙管を受け取れば、交渉成立。彼が煙管の遊女の客になる。格子の中に上がった客は、まずは出された煙草盆で一服吸い、遊女が出てくるのを待つというのが段取りだ。

当時の言葉で煙草のことを〝相思草《あいおもいぐさ》〟と呼んだのも、こうした習慣と無縁ではあるまい。

このように、吉原の文化と煙草・煙管は深く結びついていたために、煙管は遊女のものと誤解されがちだが、実

おてつきコラム　1回休み

松浦屏風の煙管

“南蛮人”を通じて喫煙の習慣がわが国にもたらされたのは、16世紀中頃から17世紀初頭と言われている。女性の喫煙は、おそらく、長崎・丸山当たりの遊女の間で最初に流行し、それが各地の遊里にも広まったと考えられている。昭和50年（1975）の趣味週間切手に取り上げられた「松浦屏風」は、慶安3年（1650）に亡くなった岩佐又兵衛の作とする説が有力だが、その右端には煙管に煙草を詰める女性が描かれている。この図は、日本女性の喫煙に関する資料としてはかなり初期のものだ。描かれている女性は遊女だが、手にしている煙管が、後の吉原のように朱羅宇の煙管ではないのも興味深い。

1975.4.21発行
切手趣味週間
「松浦屏風」
C685-686

き

2009.8.3発行　ふるさと切手東京版
江戸名所と粋の浮世絵　広重・歌麿・写楽の参　「錦織歌麿形新模様　文読み」
R742 f

際には、江戸も文化文政の頃になると、農家や商家の女性も煙管で煙草を楽しんでいた。

そのことを示しているのが、平成21年（2009）のふるさと切手（東京都）の「江戸名所と粋の浮世絵」に取り上げられた歌麿の「錦織歌麿形新模様《にしきおりうたまろがたしんもよう》文読み」だ。

この絵は「文読み」以外に、「煙管を持つ女」という題名で呼ばれることもある。その名の通り、煙管をくゆらせながら手紙を読む女の姿が描かれている。髪型や紫の渋い色味の着物、暗い色の煙管などからして、明らかに、堅気の女性である。前帯にしているのは、彼女が労働の必要のない身分であるためで、大店の女房といったところか。

ところで、この絵は背景の左上に書かれている詞書が面白いので、引用してみたい。

夫《そ》れ吾妻《あづま》にしき絵は江都《こうと》の名産なり。然《しか》るを近世木《こ》の葉画師《えし》専ら蟻のごとくに出生し、ただ紅、藍の光沢をたのみに怪敷《あやしき》形を写して、異国迄《まで》も其《その》恥を伝《つたふ》る事の嘆かはしく、美人画の実意を書《かき》て世のこの葉どもに与《あたう》ることしかり

その大意は「浮世絵は江戸の名産だが、最近は質の悪い絵師がうじゃうじゃ蟻のように湧いてきて、ただ単に紅や紺を塗りたくった絵を出しているが、デッサンはでたらめ。海外まで恥をさらしているのは実に嘆かわしい。だから、自分がまっとうな美人画を描いて、そういう連中を教育してやる」ということなのだが、美人画の第一人者として、他の連中とは一緒にしてもらっては困るという強烈な自負がうかがえる。

この絵に漂う、しっとりとした色香とあわせて、さすが歌麿、である。

ゆき見とは あまり利口の 沙汰でなし

現在では、雪見というと暖かい部屋の中から窓の外の雪景色を眺めるのが一般的だが、江戸の粋人たちは、雪見の名所まで、わざわざ寒い中を出掛けて行った。芭蕉にも「いざゆかん　雪見にころぶところまで」という句がある。

雪そのものは江戸市中に隈なく降るが、往来の激しい場所は、すぐに雪掻きされてしまうので、一面の雪景色を味わうには、隅田川に置炬燵をしつらえた屋形船を浮かべたり、墨田堤や不忍池、高台などに繰り出したりしたが、なかでも、待乳山《まっちやま》は雪見の名所として有名だった。

待乳山は、隅田川に架かる今戸橋の南詰にあり、古くは〝亦土山〟、〝真土山〟とも書かれた。現在の番地は、東京都台東区浅草七丁目である。もとは大きな松山だったが、道路建設のために切り崩されて小さな丘になったが、それでも、江戸の下町には他に丘がなかったため、ここからの景観は人気があった。

丘の上には、7世紀の推古天皇の時代にまでさかのぼる古刹、聖天宮（正式には天台宗金龍山本龍寺）がある。

本尊の大聖歓喜天は、通称、聖天もしくは歓喜天。象の頭をしており、ヒンドゥーの神、ガネーシャが仏教に取り込まれたもので、もともとは魔王だったが、仏教に取り込まれて福富の神、仏法守護の神になった。歓喜天と呼ばれるのは、魔王が災厄をなそうとした際に、観音菩薩が天女と化して魔王の性欲を満たし、代わりに仏教に引き入れたとの伝承にちなんで、象頭の男女が抱き合う姿として表現されるためで、それゆえ、秘仏として人目に付かぬよう祀られることも多い。

待乳山の聖天様も秘仏で、性器の隠喩として巾着と大根が寺のシンボルとなっている。なるほど、吉原や近隣の花柳界の信仰を集めたわけだ。

昭和57年（1982）の趣味週間切手に取り上げられた鳥居清長の「待乳山の雪見」は、隅田川を背景に、待乳山の丘の上、聖天宮の境内（画面の左側には本堂の一部も見える）で雪見を楽しむ男女を描いたものだ。

一人の色男が綺麗どころを四人ひきつれた景気の良い景色だが、本当に金のある通人は、雪が降りそうな気配を予測して、あらかじめ雪見の名所の料亭や遊郭に登楼しておき、賑やかに盃を傾けている間に雪が降り出して積もるのを楽しんだというから、雪が降り出してから出かけた画中の男は、遊び

あさきゆめみしゑひもせすん

ゆ

1982.4.20発行　切手趣味週間「待乳山の雪見」
C922-923

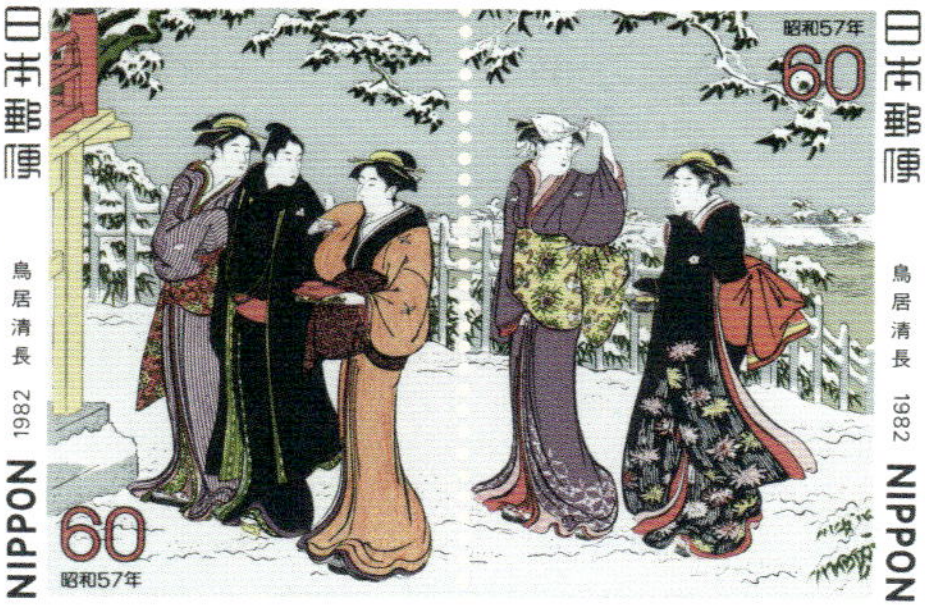

人としてはまだまだということになろうか。

女性たちのヘアスタイルは鬢を横に張った〝燈籠鬢《とうろうまげ》〟とよばれるもので、1770年代後半から1780年代末にかけて流行った髪型。着物の文様も、作品が描かれた頃に江戸で創作されたもので、いずれも、当時の最新流行のファッションだ。

この絵の場面の後、一行は隅田川の屋形船でしっぽりと盃を傾けるか、あるいは向島あたりに繰り出して暖かい座敷でどんちゃん騒ぎをしたのだろう。

物理的に寒がりなうえ、いつも懐の寒い僕には、しょせん無縁の世界だ。負け惜しみに炬燵で独酌の雪見しかできない僕は、『柳多留（やなぎだる）』の古川柳「雪見とは　あまり利口の沙汰でなし」を引用するのが関の山だが、本音を言えば、こういう時は変に利口ぶるより、思い切ってバカになって楽しんだ方いいに決まっていることぐらい、十分承知の助なんだ。

おてつきコラム　1回休み

夜目・遠目・傘の内

女性が実際よりも美しく見える条件として昔から言い習わされた「夜目・遠目・傘のうち」だが、この3つを一度に満たした切手はないかと探してみたら、平成9年（1997）の国際文通週間のうち、広重の『江戸名所雪月花』のうち「隅田川堤雪の眺望」が見つかった。川岸の雪の上を、危なげに前かがみになって歩いている女性は、優雅に雪見を楽しむというより、なにか必要に迫られてどこかへ急いでいるようだ。降り続く雪に小さく画かれた筏師と女性の静かな動きが巧みな1枚で、もとは団扇絵だったという。

1997.10.6発行　国際文通週間「江戸名所雪月花」の「隅田川堤雪の眺望」
C1604

㋱の下の佃の入江には

現在の聖路加国際病院のある東京都中央区明石町の一帯は、もともと豊前中津藩奥平家の中屋敷があった場所だ。『解体新書』は、安永3年（1774）、中津藩医の前野良沢が杉田玄白らとここで完成させ、安政5年（1858）に藩士の福澤諭吉が屋敷内に開いた蘭学塾は後に慶應義塾となった。

幕末の開国後、幕府は佃大橋の右岸一帯で外国人居留地の建設に着手し、後を引き継いだ明治政府によって、明治2年（1869）、居留地は完成。海岸沿いには築地ホテルが建設された。

明治5年（1872）、築地ホテルが焼失すると、その近くにメトロポール・ホテルが開業。明治20年（1887）の帝国ホテル開業まで、もっぱら外国人用の宿泊施設として繁盛していた。

ほかにも、周辺には、立教学校（現在の立教大学の前身）やヘボン塾（現在の明治学院の前身）などの宣教師による教育機関や、築地活版製造所などが立ち並び、明治初めの東京の若者にとって、築地の一帯は、まさに、文明開化の最先端を走る憧れの町だった。

その後、治外法権が撤廃されたことで、築地の居留地は明治32年（1899）に撤廃され、明治33年（1900）、聖路加病院が建設される。

昭和46年（1971）の趣味週間切

㋱

1971・4・19発行　切手趣味週間「築地明石町」
C583

手にも取り上げられた「築地明石町」は、鏑木清方が、昭和2年（1927）、第8回帝展に出品し、帝国美術院賞を受賞した作品。明治11年（1878）生まれの清方は、当時、49歳だった。

実際には京橋区明石町という地名だったにもかかわらず、語呂と実感からあえて〝築地明石町〟と作品に命名した彼は、若い頃、いつかはメトロポール・ホテルの海に面した部屋に長逗留したいと思っていたが、願いがかなわぬまま、ホテルは消えてしまった。

彼の回想によると、往時、「（ホテルの）窓外直ちに房総の青螺《せいら》を瞰《のぞ》み、海風室に満つというありさまで、眼の下の佃の入江には、洋風の帆船マストをならべ、物売る船、渡しの和船がその間を対岸の佃島へ通う。…（中略）…芦、芒、茅の類が人の丈より高く、工場の気笛ならぬ葦切《よしきり》の声が喧《やかま》しく啼きつれていた」という。

清方は「肌さむい秋、あるかなきかの船影、うらがくれた朝顔、夜会結びの人の立姿」というモチーフを使い、失われていく明治の面影、すなわち、彼にとっての青春の日々への思いを込めて、この風景を再現した。

作品の主役となる女性は、幸田露伴の小説『天《そら》うつ波』のお彤《とう》のイメージで、モデルは、江木写真店（一万円札の福澤諭吉の肖像を撮影した）の二代目で農商務省参事官であった江木定男の妻、ませ子（当時33歳）である。ませ子は愛媛県令をつとめた関新平の娘で、清方の妻、照とは女学校の同窓。泉鏡花の紹介で清方のもとに絵を習いに通っていた。なお、袖をかきあわせてかえりみる立姿に関しては、清方は娘の清子のポーズをスケッチし、ませ子の顔と組み合わせた。

ちなみに、絵の中の女性は、素肌に襦袢なしで袷の着物を着る〝素袷《すあわせ》〟の姿で足元は素足である。これは、明治末から大正初期にかけて粋な女姿として流行したスタイルで、夏目漱石の『吾輩ハ猫デアル』にも「素袷や素足は意気なものだそうだが…」との記述がある。

1回休み おてつきコラム

明治の築地で作られた中国の切手

明治6（1873）年、東京・築地に当時東京一の大工場を備えた築地活版製造所が開業する。築地活版は、明治2年（1869）に設立された長崎新町活版所の流れを汲む組織で、経営を担った平野富二は明治政府への活字販売や明治5年（1872）末の太陽暦の採用にともなう新暦５万部の印刷も受注。さらに、新聞・雑誌の創刊ラッシュで急激に社業を拡大した。明治16年（1883）には上海に出張所を設け、そのマーケットを外国にも拡大。中国各地の書信館（開港地で外国人が運営していたローカル郵便）の切手製造を請け負うとともに、明治30年（1897）に清朝の国家郵政が発足した際には、その最初の正刷切手（日本版蟠龍票）も製造した。

清　1897年

み ねこの髪《あたま》で香水の匂《にほひ》がする

明治38年（1905）、夏目漱石の『吾輩ハ猫デアル』初版本の装丁を担当した橋口五葉（本名・清）は、明治13年（1880）、鹿児島に生まれた。

当初、彼は狩野派の絵を習い橋本雅邦に入門したが、同郷の黒田清輝に洋画を勧められたことから、明治32年（1899）、黒田の白馬会研究所で学び、翌年、東京美術学校西洋画科に入学し、生家の庭の五葉松にちなんだ五葉の号を使い始める。

兄の貢が、熊本の第五高等学校時代の漱石の教え子だった縁から、五葉は『ホトトギス』にカットを描くようになり、その縁で、『吾輩ハ猫デアル』上巻の出版に際して、装丁を担当した。

『吾輩ハ猫デアル』は、当時のベストセラーとなったため、その後も五葉は漱石の著書の装丁を数多く手がけることになった。その洗練されたブックデザインは、漱石の文章とは別の次元で、日本の出版史に金字塔を打ち立てた。

さて、漱石の代表作の一つ、『三四郎』の初版本も、五葉の装丁だ。

『三四郎』は、〝九州の田舎（福岡県の旧豊前地方）〟出身の小川三四郎が、熊本の第五高等学校を卒業後、東京帝国大学に入学。東京でさまざまな人と出会い、成長していくというストーリーだが、物語の一つの軸になるのが、都会的な美女、美禰子への恋慕である。物語では、美禰子は終始曖昧な態度を取り続け、迷える羊を意味する〝ストレイ・シープ〟の語を幾度となく三四郎に投げかけて翻弄するが、結局、彼女は兄の友人と結婚してしまい、ジ・エンドである。

美禰子に翻弄される三四郎の姿は、物語の中に幾度となく出てくるが、そのひとつに、三四郎の恩師で英語教師の廣田萇が天長節の式典に出席して留守の間、ふたりが転居したばかりの廣田の家で画集を一緒に見る場面がある。

「一寸御覧なさい」と美禰子から声をかけられた三四郎が及び腰になって画帖の上へ顔を出したときの心の動きを、漱石は「美禰子の髪《あたま》で香水の匂がする」と表現した。

二人の視線の先には、英国の画家ジョン・ウィリアム・ウォーターハウスの「人魚」がある。画中、裸体の人魚は「長い髪を櫛で梳きながら、梳き余ったのを手に受けながら、此方を向いている。」顔を近づけた二人は同時に「人魚《マーメイド》」とささやくが、そこに三四郎の友人、佐々木與次郎が割って入り、場面は転換する。

この「人魚」の説明は、昭和62年

み

1987.4.14発行　切手趣味週間
「髪梳ける女」
C1183

橋口五葉・「髪梳ける女」1987 昭和62年

（1987）の趣味週間切手に取り上げられた五葉の「髪梳ける女」そのままだ。

いや、むしろ、『三四郎』の発表が明治41年（1908）だったのに対して、「髪梳ける女」は大正9年（1920）、五葉晩年の作品だから、あるいは五葉の方が『三四郎』のこの場面を意識していたということなのかもしれない。

なお、『三四郎』の美禰子のモデルは平塚らいてう、「髪梳ける女」のモデルは小平とみ。全くの別人だが、二人とも面長の和風美人という点は共通していたから、人魚ならぬ美禰子が湯上りに髪を梳く姿もこんな雰囲気だったのではないだろうか。洋風の〝香水の匂〟ではなくとも、絵の中の女の洗い髪からは、きっと、椿油のにおいに混じって、なにやら芳香が漂ってきたに違いない。やはり、美女の髪は香《かぐわ》しいのである。

1回休み　おてつきコラム

『吾輩ハ猫デアル』と五葉

五葉が手がけた『吾輩ハ猫デアル』の装丁は、かつてのヨーロッパでよくみられたアンカット・スタイル。もともと、購入者がおのおので好みのスタイルの本製本をすることを想定したつくりなので、16ページ毎の一折は裁断されておらず、そのままではペーパーナイフでページを切り開いていかないと読むことができない。一般に“表紙”として紹介されるイラストは、本製本後は扉の部分になる。なお、20世紀デザイン切手の図案は、しばしば、初版上巻の“表紙”と紹介されているが、これは誤りで、正しくは、製本していない状態での見返し（本製本後は扉の裏側）に相当する部分である。

1999.8.23発行　20世紀シリーズ第1集　「夏目漱石『吾輩ハ猫デアル』」　C1727a

し ょくぎゃうに貴賤なし

「職業に貴賤なし」という建前とは裏腹に、ある時代までの日本社会には、いわゆるセックス・ワーカーの女性は〝日陰者〟であり、社会の表舞台に立つことは許されないという不文律が厳然と存在していた。

このため、たとえば、昭和23年（1948）の趣味週間切手の題材と、当初、有力候補として挙げられていたのは懐月堂度繁の「立美人図」（67頁参照）だったが、モデルの女性が遊女であるという理由で見送られ、最終的に「見返り美人」が切手になった。ただし、後に懐徳堂の「立美人図」は昭和54年（1979）の趣味週間切手に取り上げられたが…。

したがって、昭和36年（1961）の趣味週間切手の題材に、日本画家で日展審査員の山田申吾が「舞妓《ぶぎ》図屏風」を推したのは、当時としては英断だった。「舞妓図屏風」の作者は不明。慶長年間（1596～1615）または寛永年間（1624～44）の作とされている。

屏風は六曲一隻の紙本金地着色で、六曲小屏風の各扇に一人ずつ、異なった衣装で舞い踊る女性が描かれており、もともとは、屋内での宴席の際に周囲に並べて、春の花見踊りの雰囲気を楽しんだものと考えられている。ちなみに、切手発行時には画家の梅原龍三郎

し

1961.4.20発行　切手趣味週間
「舞妓図屏風」
C340

が所有者で、京都市が寄託を受けて保管していた。

屏風に描かれた〝舞妓《ぶぎ》〟は、町の辻や小屋などで踊るとともに、体を売っていた女性のことで、現在の京都祇園の〝舞妓《まいこ》さん〟とは本質的に異なる。

江戸時代の初期には祇園にも遊女がいた。慶長10年（1605）、幕府は祇園坊中での遊女を禁じたが、元和年間（1615〜24）になると、参詣者を対象とする水茶屋、煮売茶屋、料理茶屋に茶汲女《ちゃくみおんな》もしくは茶立女《ちゃたておんな》などと呼ばれる女性が現れている。寛文10年（1670）、再度、京都西奉行が八坂（辰巳新地）、祇園などの遊女を禁じたことは、逆説的に、この頃までは、祇園にも遊女がいたことの証拠となっている。

寛文10年の御触れでは、茶店一店につき茶汲女・茶立女は一人に制限されたが、その後、延宝・天和年間（1673〜83）には、歌舞伎芝居を真似て、茶汲女の中に、客に歌舞音曲を見せる弾妓《ひきこ》や舞妓と呼ばれる女性が新たに登場する。これが、現在の舞妓や芸妓の直接のルーツである。

「舞妓図屏風」の女性は、上述のように、時代的に明らかに遊女であるから、当初は郵政省も難色を示したらしい。しかし、最終的に、純粋に芸術的な価値の高い作品（国の重要美術品）であれば題材のいかんに関わらず、切手に取り上げてもかまわないとの判断から、切手の発行が実現した。

ただし、郵政省は相当気にしていたようで、報道発表では、切手の題材は「舞踏図屏風の女舞姿」とされた。ところが、実際に切手が発行されると、三百年前の〝遊女〟を不謹慎として問題視する人はなく、むしろ、浮世絵愛好家の野田忠志が「勝手に固有名称をかえることは不見識だ」と批判するほどであった。

結局、切手は好評のうちに迎えられ、東京中央郵便局の切手普及課には通信販売の予約が殺到。当初800万枚の予定だった発行枚数は、200万枚増の計1000万枚の発行となった。

おてつきコラム　1回休み

舞妓の真贋

1990.9.25発行　ふるさと切手京都版「舞妓と祇園」　R82

観光シーズンの京都で見かける“舞妓《まいこ》さん”の大半は、実は、舞妓姿に扮した観光客であり、ホンモノではない。ホンモノを見分ける方法はいくつかあるが、一般に舞妓は夕方から着付してお座敷に向かうので（ふるさと切手も夜の祇園を歩く姿だ）、そもそも昼間の観光地に出没するのは観光客の扮装だろう。また、ホンモノの舞妓は自分の髪を結っているが、観光客は99%が鬘だ。なお、舞妓を卒業して芸妓となると鬘をかぶるが、舞妓が振袖にだらりの帯なのに対して、芸妓の着物は留袖に太鼓帯だから、区別は容易である。このほか、ホンモノの舞妓は基本的に上唇には紅を塗らないが、観光客はその辺に無頓着で上下に紅を塗っているケースも多い。

ゐ 厭《いや》や厭《いや》や、大人に成るは厭《い》やな事

　平成23年（2011）の文通週間切手に取り上げられた鏑木清方の「たけくらべの美登利」は、樋口一葉の『たけくらべ』のラスト、吉原の遊郭・大黒家の美登利が、龍華寺《りゅうげじ》の跡取の信如が寄宿制の学校に入学する日、差し入れていった一輪の白い水仙の造花を見つめる場面を描いている。

　一葉の『たけくらべ』は、夏から初冬への季節の移ろいの中で、吉原に近い大音寺前を舞台に、二度と戻ってこない〝子供の時間〟を見事に描き出した作品だ。

　題名の『たけくらべ』は『伊勢物語』第23段の次の二首に由来している。

筒井つの　井筒にかけし　まろがたけ
過ぎにけらしな　妹見ざるまに

くらべこし　振り分け髪も　肩すぎぬ
君ならずして　誰かあぐべき

『伊勢物語』の第23段では、幼馴染の男女が次第に相手を異性として意識するようになったものの、思いを打ち明けられずにいたところ、女に縁談が持ち上がり、男が「筒井つの〜」の歌を贈る。これに応えて、女は「くらべこし〜」の歌を返し、最終的に二人は結ばれる。

　この男の歌中の「まろがたけ」と女の歌中の「くらべこし」をあわせて、一葉は〝たけくらべ〟とした。いわば、物理的な身長の高さを比べる〝丈比べ〟から、思いのたけを比べる〝たけくらべ〟への変質が、子供が大人になることを象徴しているというわけだ。

　しかし、『伊勢物語』の男女とは違って、『たけくらべ』の真如と美登利は、それぞれに、龍華寺と大黒屋という看板を背負わされ、絶対に結ばれることはない。

　たとえば、ある雨の日、真如は大黒屋の寮の格子戸の前で下駄の鼻緒を切ってしまう。格子戸の内側にいた美登利は彼と気づかずに近付くが、これに気づくと、恥じらいながらも端切れを信如に向かって投げる。

　しかし、信如はこれを受け取らず去って行く。この間、二人の間には一言の会話もなく、雨の中には紅の端切れだけが取り残される。

　二人の住む世界が永遠に交わることはないということが、鮮やかに表現された場面である。

　『たけくらべ』というと、水仙の花のラストシーンがあまりにも有名だが、物語として重要なのは、その前に、終盤、勝気だった美登利が急に元気をなくす場面である。その理由としては、美登利が初潮を迎えた説や、娼妓とし

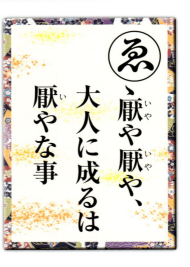

あさきゆめみしゑひもせすん

て正式なものではないが店奥で秘密裏に水揚げが行なわれたとする初店説などがあるが、僕にとってはどちらでもいいことだ。

いずれにせよ、この場面で発せられる彼女の魂の叫び「ゑ、厭や厭や、大人に成るは厭やな事」こそが、実は最大の山場であることを見逃してはなるまい。

真如が去った後の場面を描いた絵の中で、美登利は、もはや子供ではなく、すでに大人の階段を上ってしまった状態にある。

『たけくらべ』の題名の由来となった『伊勢物語』の二首には、いずれも動詞の〝過ぐ〟が使われているが、絵の中で水仙を眺める彼女の表情からは、信如への思慕に加え、全てが〝過ぎにけらしな（過ぎてしまったらしい）〟という万感の思いが立ち上ってくるように見える。

2011.10.7発行　国際文通週間
「たけくらべの美登利」
C2108

ゑ

日本郵便
NIPPON
130
国際文通週間
International Letter-Writing Week, 2011
鏑木清方「たけくらべの美登利（部分）」

おてつきコラム 1回休み　一葉と清方

『たけくらべ』を暗唱できるほど、一葉に心酔していた鏑木清方は、一葉が亡くなった明治29年（1896）当時は18歳で、生前の彼女には会っていない。このため、清方は「もう1、2年一葉が生きていれば会う機会があったろう」と残念がっている。

昭和15年（1940）、清方は彼女のエッセイ「雨の夜」の中の「寝られぬ夜なれば臥床《ふしど》に入らんも詮なしとて小切れ入れたる畳紙とり出だし、何とはなしに針をも取られぬ」との一節にインスピレーションを得て、「一葉」を描いた。

針箱とランプを横にぽつねんと座る一葉の姿は、清方によれば「（一葉の妹）邦子さんのおもかげに今までの一葉知識を加えて成ったもの」で、近代美術シリーズにも取り上げられた。

60
日本郵便
NIPPON
鏑木清方

1981.11.27発行
近代美術シリーズ
第11集　「一葉」
C876

ひの本は岩戸神楽の昔より

男女共同参画だの〝女性の輝く社会〟だのといった言葉が氾濫する昨今だが、お上からそんなことを言われなくても、江戸の狂歌は「日の本は岩戸神楽の昔より　女ならでは夜の明けぬ国」と詠んでいる。

この歌は、いうまでもなく、天の岩戸に籠った天照大神をアメノウズメの踊りで誘い出した物語を踏まえたものだ。

歴史学的に正しいか否かは別として、とりあえず、神武天皇が橿原宮でご即位あそばされた年を元年とする日本独自のカレンダー、皇紀は、西暦に直すと紀元前660年に始まることになっている。

いわゆる弥生時代が始まるのが西暦の紀元前300年頃だから、神武天皇は縄文時代の人物。で、その縄文時代が始まったのは1万4000年前とされているので、〝天の岩戸〟もその間の出来事と考えても差し支えあるまい。

そうすると、〝岩戸神楽〟のアメノウズメの姿かたちについては、縄文時代の土偶が参考になりそうだ。

『古事記』によれば、岩戸の前でのアメノウズメの踊りは、「槽伏《うけふ》せて踏み轟《とどろ》こし、神懸かりして胸乳かきいで裳緒《もひも》を陰《ほと》に押し垂れき」というもので、八百万の神々からやんやの大喝采を受けたという。現代語の大意は、桶を伏せた舞台の上で足を踏み鳴らし、陶酔して胸をあらわにし、裳の紐を陰部が見えるほどにずり下げた、という風にでもなろうか。

〝踏み轟こし〟というのだから、下半身は、やはり、モデルのような細くすらっとした脚やヒップではなく、脂の乗った太腿に安産型の尻だろう。じっさい、激しい動きのセクシーなダンスなら、ある程度、胸なり尻なりがブルンブルンと揺れ動かないと面白くない。

豊穣と多産を祈るため乳房や臀部を誇張して作られたとされる土偶の体型は、そうしたアメノウズメの推定体型をデフォルメしたようなものだ。平成10年（1998）のふるさと切手（長野県）に取り上げられた〝縄文のヴィーナス〟は、その典型といえるだろう。

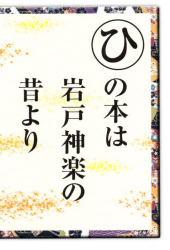

縄文のヴィーナスは、昭和61年（1986）、八ヶ岳山麓、長野県茅野市米沢の棚畑遺跡から出土した。その造形美に加え、ほぼ完全な状態で出土したことから、最古の年代の国宝に指定され、平成10年（1998）にはふるさと切手にも取り上げられた。

それまでの土偶というと、青森県の亀ヶ岡遺跡から出土した遮光器土偶（スキーのゴーグルのような目をして

ひ

1998.4.1発行　ふるさと切手長野版
「土偶（縄文のビーナス）」
R239

いるのが特徴）が有名で、この土偶を例に、学校の教師は、多産と豊穣のシンボルなので、顔の美醜はあまり関係ないと説明をしていたが、10代の僕は「そうはいっても、縄文人だって、やっぱり（彼らの基準でいう）美人の方が良いだろうから、顔が関係ないというのはホントなのかな」と素朴な疑問を持ったものだ。

その点、縄文のヴィーナスは、切れ長のつり上がった目や、尖った鼻とおちょぼ口、ピアスの穴が開いた耳といった顔の特徴がしっかりとわかるのが良い。

現在でも、こういう顔立ちの女性は電車の中で見かけそうで、親しみがもてる。彼女と同じDNAを持った女性が、遠い昔、天の岩戸の前で体をくねらせていた様を想像すれば、満員電車の岩戸から出ていく気分も少しは軽やかになるに違いない。

おてつきコラム　1回休み

ヴィーナス

縄文のヴィーナスは土の中から出てきたが、ローマ神話のヴィーナス（ギリシャ神話のアフロディテ）は泡から生まれた。

ウラノスは妻ガイアが生んだキュクロプスとヘカトンケイルが気に入らず胎内に押し戻した。怒ったガイアは、先に生まれていた息子のクロノス（ゼウスの父）と謀り、ウラノスのペニスを切断。その血と精液に海水が混じった泡からヴィーナスは生まれた。ただあまりに生々しいので、日本では「海の泡から生まれた」とされることも多い。

2001・3・19発行　日本におけるイタリア2001年「イタリア年のロゴ（ビーナスの誕生）」
C1811

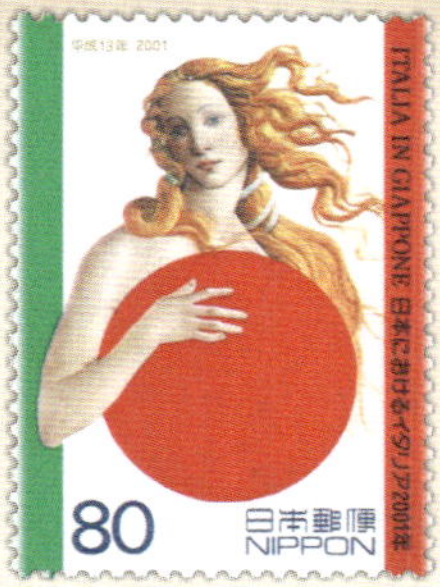

「日本におけるイタリア年」の切手には、ボッティチェリの「ヴィーナスの誕生」と両国の国旗をアレンジしたロゴを描いているが、彼女が白と赤に包まれている構図は、実は神話的には正しい。

(も) もののふの猛き心にくらぶれば

1983.10.15発行　第38回国体記念
「なぎなた競技と妙義山」
C963

薙刀《なぎなた》というと、現在では女性の武道というイメージが強い。昭和58年（1983）の第38回国民体育大会（国体）の記念切手には、同大会から〝なぎなた（競技名としては仮名書きが正式）〟が女子の競技種目に加えられたことを踏まえて、薙刀を構える女子選手が取り上げられているが（背景は、開催地の群馬県にちなんで妙義山）、現在なお、男子選手がなぎなた競技で国体に出場することは不可能である。

ちなみに、薙刀という漢字の表記は、〝横に大きく振り払って切る〟という意味の〝薙ぐ〟刀という意味で、刃の重さと遠心力を使って、相手にダメージを与えるという、この武器としての本質をよく表している。これに対して、長刀という表記もあるが、これだと、単に刃渡りの長い〝長刀《ちょうとう》〟と区別できない。

歴史的に見ると、男たちが薙刀を使って戦うことは珍しくなかった。京の五条大橋で武蔵坊弁慶が牛若丸の刀を狙って薙刀を振り回したというエピソードは、その何よりの証拠である。

ところが、応仁の乱の後、足軽の歩兵集団が誕生し、兵たちが密集して攻撃を仕掛ける戦法が主流になると、兵たちには薙刀を振り回すだけの空間的な余裕がなくなった。そこで、穂先が軽量で、部隊として一斉突撃に向いている槍が普及し、薙刀は実用的な武器としてはすっかりすたれてしまう。

その後、江戸時代に入ると、薙刀は敵の殺傷そのものを目的とはしない〝武芸〟の具として発展し、女性による女薙刀が競技として定着した。それがいつしか〝男子禁制〟のイメージと結びついたわけだが、実際には、現在でも男性を対象とした〝男なぎなた〟には多くの流派が存続している。

そうした薙刀だが、幕末の戊辰戦争の時期には、会津の中野竹子らが武器として実戦に使った記録がある。

竹子は、嘉永3年（1850）（異説もある）、会津藩の江戸常詰勘定役の中野平内（忠順）の長女として江戸和田倉の藩邸で生まれた。容姿端麗なうえ、幼少より文武両道に秀で、会津藩士・黒河内兼規《くろこうちかねのり》に学んだ薙刀術は免許皆伝、書家・佐瀬得所《させとくしょ》に学んだ書は備中庭瀬藩の藩主夫人の祐筆を務めるほどであった。

慶應4年（1868）、戊辰戦争が始まると、会津に帰り、会津若松城城下の坂下で、婦女子に学問や薙刀を教えた。竹子は行水を覗き見する男たちを得意の薙刀で追い払ったという。

官軍が会津に侵攻してくると、照姫（会津藩主・松平容保の義姉。若松城での籠城戦で城内の婦女子を指揮した。）を護衛するため、彼女を追って若松城内に入ろうとしたが、混乱の中で果たせず、母・こう子らと、女性のみからなる婦女隊を結成。古屋佐久左衛門の衝鋒隊《しょうほうたい》に混ざって戦いに加わることを許された。

戦場での竹子は、「もの、ふの猛きこころにくらぶれば　数にも入らぬ我が身ながらも」との辞世を認めた短冊を薙刀に結び付けて戦っていたが、明治元年8月25日（1868年10月10日）、頭に銃弾を受けて戦死した。享年20。

ちなみに、竹子らの婦女隊の隊員は、髪は肩に届かぬよう斬髪して白羽二重の鉢巻を巻き、袴を穿いて男姿していた。戦死した時の竹子は青みがかった縮緬の着物を着ていたという。

1回休み　おてつきコラム

弁慶の薙刀

1995・4・3発行　ふるさと切手京都版「牛若丸と弁慶」　R158

本文でも少し触れたが、京の五条大橋で牛若丸に対した武蔵坊弁慶が使っていた薙刀は岩融《いわとおし》と呼ばれる大型のもので、記録によれば、刃渡り3尺5寸（105センチ）もあったという。当時の標準的な薙刀は刃渡り3尺（90センチ）以下だったから、別格の大きさである。弁慶は、生涯、岩融を愛用し続け、文治5年（1189）に衣川の戦いで戦死し、有名な“弁慶の仁王立ち”となったときにも、その手にはしっかりと岩融が握られていた。平成7年（1995）のふるさと切手（京都府）「牛若丸と弁慶」に描かれている薙刀も、もちろん、岩融のはずだが、この絵だと、どう見ても刃渡りが3尺5寸もあるようには見えない。

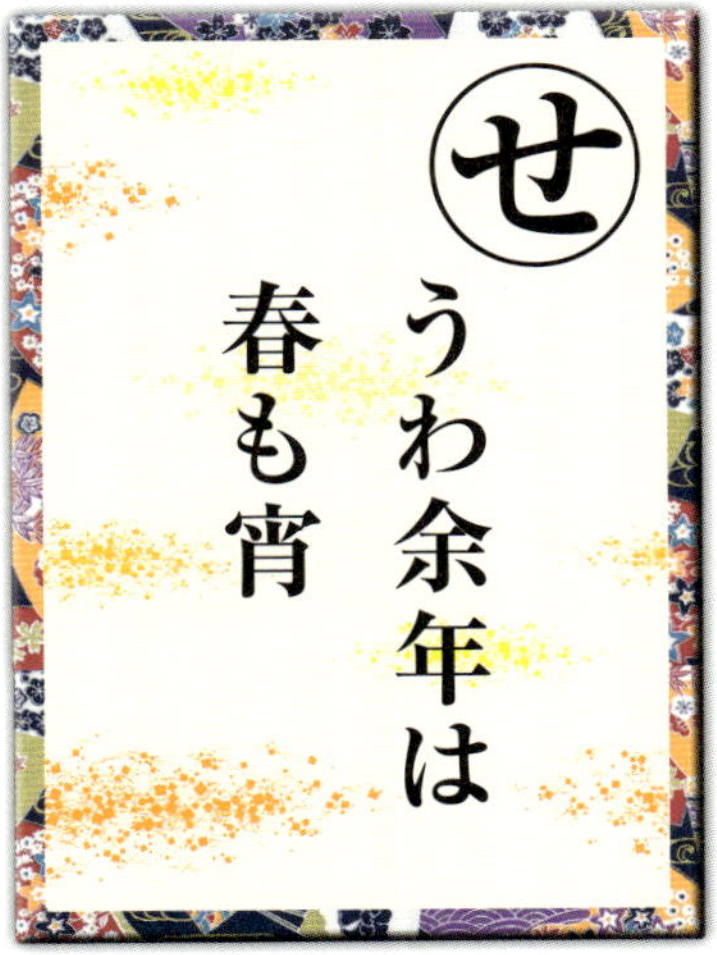

いわゆる日本の歌シリーズは、作曲家・瀧廉太郎の生誕100周年企画として、瀧の代表曲である「荒城の月」を含む第1集から、同じく、瀧の代表作である「花」を含む最終の第9集まで、計18種が発行された。その最後の1枚として発行された「花」の原画は、イラストレーターの林静一の担当である。

「花」の歌詞は、「春のうららの隅田川」で始まるが、切手の背景には隅田川を直接連想させる風景は描かれていない。むしろ、1番の後半の歌詞である「櫂《かい》のしづくも　花と散る　ながめを何に　たとふべき」や2番の前半の「見ずやあけぼの　露浴びて　われにもの言ふ　桜木を」のイメージの方が近いだろう。

林の原画に描かれた女性は、彼の代表作ともいうべき、大手製菓会社ロッテのキャンディ〝小梅〟のキャラクター〝小梅ちゃん〟を思わせる相貌。小梅ちゃんは明治生まれの15歳の少女という設定だから、たしかに、明治33年（1900）発表の「花」と同時代の人ではある。

しかし、林のこの絵は、瀧廉太郎の「花」ではなく、あがた森魚の「赤色エレジー」の一節「昭和余年は春も宵　桜吹雪けば情も舞う」のほうが、ずっと近いように思う。

現在では、小梅ちゃんの作者というイメージがすっかり定着している林だが、もともと、彼はアニメ製作会社東映動画で宮崎駿らと同期のアニメーターで、伝説の漫画雑誌『ガロ』に、昭和45〜46年（1970〜71）に連載した劇画『赤色エレジー』によって、広くその名を世に知られるようになった人物だ。

出世作の『赤色エレジー』は、昭和40年代の東京を舞台に、漫画家を目指すアニメーターの一郎と恋人の幸子が愛だけを頼りに出口の見えない同棲生活を始めるものの、冷酷な現実によってやがて破綻を迎えるという物語で、発表当時、大きな反響を呼んだ。

この漫画から想を得て、昭和46年に歌手のあがた森魚が発表した楽曲「赤色エレジー」は、昭和47年（1972）の大ヒット曲となった。

あがたの「赤色エレジー」は、「愛は愛とてなんになる」で始まるレトロな雰囲気の歌詞をゆったりとした三拍子にのせて歌うもので、大正から昭和初めのバイオリン演歌を思わせる風情がある。主人公の男女は、林の〝原作〟どおり一郎と幸子だが、「はだか電灯　舞踏会　踊りし日々は走馬灯」という歌詞は、原作のような昭和40年代のアニメーターではなく、昭和初期の文学青年ないしは左翼青年と令嬢の駆け落ち・同棲の光景を想像するほうがしっくりくる。

あがたの歌では、切手の絵とシンクロする「昭和余年は春も宵　桜吹雪けば情も舞う」の一節は「幸子の幸はどこにある　男一郎　ままよとて」に続くもの。切手の絵の中で桜舞い散る中に目を閉じてたたずむ姿に、幸せだったころの幸子の面影が見えるというのも突飛な想像では決してあるまい。

なお、歌のヒットから3年後の昭和49年（1974）、林の原作『赤色エレジー』はあがたの監督・主演等により『僕は天使ぢゃないよ』の題名で映画化され、公開された。ちょうど、キャンディ「小梅」の発売が始まり、CMアートディレクションを担当した林が、国内外の賞を多数受賞した年でもある。

1981.3.10発行　日本の歌シリーズ
第9集　「花」
C871

せ

おてつきコラム　1回休み

浜辺の歌

日本の歌シリーズのうち、林が原画を担当したのは、第9集の「花」のほか、第7集の「浜辺の歌」がある。「浜辺の歌」の切手では、冒頭の「あした（＝朝）浜辺をさまよえば」の部分の歌詞と楽譜が取り上げられているが、林の絵は、背景が濃色であることもあって、どちらかというと、2番の歌詞「ゆうべ浜辺をもとおれば（“もとおる”は“廻る”の意）」のイメージに近いように思う。

「花」の場合もそうだが、林の原画は、冒頭の歌詞をそのまま絵画化するのではなく、それを踏まえて下の句をつけるかたちになっており、1枚の切手で物語の広がりを表現する仕掛けになっているのはさすがである。

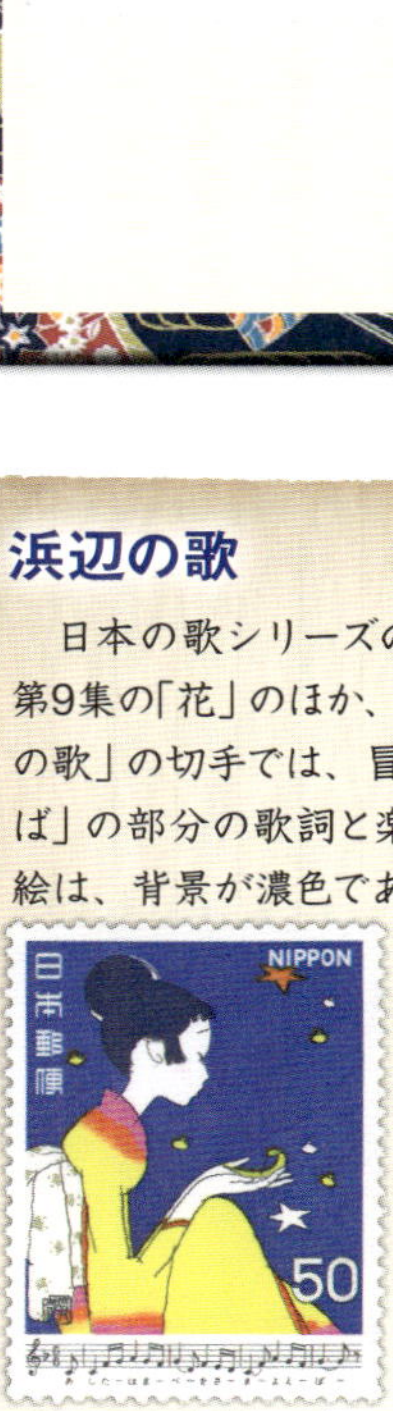

1980.9.18発行　日本の歌シリーズ　第7集「浜辺の歌」　C843

ⓢすなはち　見感《みめ》でて　目合《まぐはい》して

「近代美術シリーズ」に取り上げられた青木繁の「わだつみのいろこの宮」は、『古事記』の海幸彦（ホデリ）・山幸彦（ホオリ）伝説に取材したもので、ブリヂストン美術館の所蔵品である。

　その昔、ホデリは魚をとり、ホオリは獣をとって生活していたが、あるとき、弟のホオリは兄のホデリにそれぞれの道具を交換することを提案。兄は渋ったが、受け入れた。しかし、弟は兄の釣針で魚を釣ろうとしたものの一匹も釣れず、さらに釣針を海の中に失くしてしまった。

　やがて、兄は自分の道具を弟に返すよう要求するのだが、釣針を失くした弟は返すことができない。兄は激怒し、弟が自分の剣から一千の釣針を作っても、頑として受け取ろうとはしなかった。

　このため、ホオリは海神・綿津見宮《わたつみのみや》を訪ねる。海神の宮殿（これが〝魚鱗《いろこ》の如く造れる〟宮殿、すなわち〝いろこの宮〟である）では、海神の娘・トヨタマビメの侍女が水を汲みに外に出て来たので、ホオリは水を所望。そこで、侍女が水を汲んだ器をホオリに差しだすと、ホオリは水を飲まずに首にかけていた玉を口に含んでその器に吐き入れた。この玉が器の底に付いて離れなくなったので、侍女はトヨタマビメに事情を説明。不思議に思って外に出たトヨタマビメは、ホオリを見て一目惚れしてしまう。

　青木の作品はこの場面を描いたもので、画面中央上部の裸体の男がホオリ、左下の赤い装束の女がトヨタマビメである。『古事記』の原文では「すなはち見感《みめ》でて　目合《まぐはい》して」とあるから、出会ってすぐに二人は愛し合ったわけだが、なるほど、裸のホオリを見つめるトヨタマビメは、頬が紅潮し、瞳は潤んで、「もう好きにして！」という風情にも見える。

　その後、二人は海神の元で3年間暮らし、二人の間にはウガヤフキアエズが生まれる。さらにその息子（＝ホオリの孫）がカムヤマトイワレヒコ、つまり、後の神武天皇だ。

　さて、のんきにトヨタマビメと暮らしていたホオリだったが、三年経ってようやく当初の目的を思い出し、海神の協力を得て、アカダイの喉に引っかかっている釣針を発見。地上に戻ったホオリは、海神に言われた通りに呪いを込めて釣針を返し、海神の協力を得てホデリを撃退し、兄を臣従させた。

　もっとも、冷静に考えてみると、弟の思いつきで強引に自分の道具を交換

あさきゆめみし ゑひもせすん

させられて失くされたという兄は、そもそも被害者である。しかも、釣針を探しに行った弟は三年もの間、何の音沙汰もないまま、海神に気に入られて妻を娶り、子までもうけていたわけで、これでは、兄があきれ果て、頭にくるのも当然だ。現在風に言えば、出張に出たまま連絡もせずに遊びほうけて、予定をかなりすぎてから、現地でナンパした彼女を同伴して戻ってきたというのに等しい。

そのうえ、まったく落ち度がないにもかかわらず、弟のかけた呪いで万事うまくいかなくなった兄が、ついに我慢できなくなって弟を襲撃すると、返り討ちにして臣下にしてしまうというのだから、「お気の毒」としかいいようがない。

まぁ、それもこれも、すべては神武天皇の祖父ということで許されているわけだが、神武天皇ご自身は気の毒な大叔父のことをどう思っておられたのか、ちょっと気になるところだ。

1回休み おてつきコラム

龍宮

ふとしたきっかけで地上の若者が神仙の住む海底の宮殿を訪ねるというモチーフといえば、やはり、浦島太郎だろう。現在、広く知られている物語は、明治の作家・いわや(巌谷)小波《さざなみ》が『御伽草子』の記述を元に子供むけに「亀を助けた恩返しの物語」として改作し、国定教科書に採用されたもの。『御伽草子』では、龍宮での太郎と乙姫の官能場面の描写もあり、最終的に太郎は鶴になり、乙姫は亀の姿に戻って、蓬莱山で幸せに暮らしたという落ちになっている。昔ばなしシリーズの原画を担当した大山忠作がこのあたりの事情を知っていたかどうかは不明だが、やはり「龍宮」の切手に乙姫の姿が見えないのは少しさびしい。

1975.1.28発行　昔ばなしシリーズ
第6集「浦島太郎　竜宮」C645

す

1979・5・30発行　近代美術シリーズ　第1集
青木繁「わだつみのいろこの宮」
C811

拾遺美女集

“かるた”の読み札が作れなかったり、他と内容が重複したり、あるいは、存命中の人物は除くというルールのゆえに、本編では取り上げられなかったが、本来なら取りあげたかった美女たちの切手を“拾遺”としてまとめてご紹介。

左上の松野クララは日本の保母さんの元祖
1976.11.16.　幼稚園100年記念　「幼稚鳩巣遊戯の図」　C727

舞妓が清元の「山姥」を舞うギャップが面白い
1980.7.7.　近代美術シリーズ　第7集　竹内栖鳳「アレタ立に」　C850

女形も悪くないが、やはりホンモノの女が良い
2003.1.15.　歌舞伎発祥400年記念　阿国歌舞伎図屏風　C1885

昭和８（1933）年の“萌えキャラ”を見よ！
2009.5.8.　赤十字思想誕生150周年　第１回赤十字デーのポスターと赤十字　C2054b

12才とは思えぬ色香
1982.8.5.　近代美術シリーズ　第13集　岡田三郎助「あやめの衣」　C914

最近はセーラー服の学校も少なくなったなぁ
1998.5.25. わたしの愛唱歌シリーズ　第5集　みかんの花咲く丘　C1616

鶴が人間になると、こんなにも儚げなのか
1974.2.20.　昔ばなしシリーズ　第２集　つる女房　娘　C632

巡礼に出た母娘の人生に興味をそそられる
1960.8.1.　足摺国定公園切手　足摺岬灯台と巡礼の母娘　P208

本朝美女切手の最高峰。いつまでもお元気で
1959.4.10.　皇太子（明仁）成婚記念　皇太子夫妻の肖像
C292

戦後復興を支えた“糸へん景気”の主役
1948.10.16.　産業図案切手　紡績女工
#318

イタリア絵画を思わせる舞妓の艶姿が魅力
1968.4.20.　切手趣味週間　土田麦僊「舞妓林泉」　C509

時代を感じさせる“おかっぱ頭”と梅の振袖
1951.1.1.　昭和26年用年賀切手　少女とウサギ　N6

南の果ての想像上の島に住むという美女
1986.4.15.　切手趣味週間　菊池契月「南波照間（はいはてろま）」　C1073

望遠鏡だって美女にいじられる方が良いはず
1990.4.20.　切手趣味週間　太田聴雨「星をみる女性」　C1281

女優がモデルと言われたが、実際は日赤職員
1952.5.1.　日本赤十字社創立75年記念　看護婦　C228

スサノオがヤマタノオロチから救った美女
2012.7.20.　古事記編纂1300年　板絵著色神像・伝稲田姫命　C2122d

天使のお人形みたいで、単純に可愛い
2008.12.8.　冬のグリーティング　贈り物
G30b

お国のために働く姿が凜凜しい
1943.1.1.　第2次昭和切手　女子工員　#244

チャイナドレスの美女は中国名を名乗った
1979.9.21.　近代美術シリーズ　第3集　安井曽太郎「金蓉」　C815

市女笠の女性はぜひ取りあげたかったのだが
1990.9.25.　ふるさと切手和歌山版　熊野古道　R83

琉球王朝時代の沖縄は、事実上、薩摩藩の支配下にあったが、対外的には独立国として中国皇帝と名目的な君臣関係を結んでいた。いわゆる冊封体制である。

このため、新たな琉球国王が即位したときなどには、中国の皇帝が琉球王の爵号を与えるための冊封使が御冠船《うかんしん》に乗って琉球を訪れ、王冠や王服などの下賜品をもたらした。

御冠船に乗って来航する使節は一度に500人ほど。春から夏の時季、南風にのって来琉し、半年ほど滞在した後、秋から冬にかけて北からの季節風を利用して帰国した。

この間、彼らをもてなすため、琉球の宮廷は七つの祝宴を催したが、特に旧暦8月15日の中秋の宴(3回目の宴)と、同9月9日の重陽の宴（4回めの宴）の際、琉球各地の踊りが披露された。この宮廷での踊りを御冠船踊《うかんしんうどぅい》といい、専門の〝踊奉行〟も任命されるほどだった。

昭和50年（1975）の沖縄海洋博の記念切手に取り上げられた〝琉球舞踊〟の切手は、この御冠船踊のうちの「綛掛《かせかけ》」の一場面。

綛掛は、干瀬節《ふぃしぶし》と七尺節《しちしゃくぶし》の曲に乗せ、愛する人への恋情がましていくさまを表現した女踊りで、琉球の古典舞踊の中では最もポピュラーなもの。最初に歌われる干瀬節の歌詞とその琉球語《うちなーぐち》の読み方は次の通りである。

　七読と二十読《ななゆみとぅはてぃん》
　綛掛けておきゆて《かしかきてぃうちゅてぃ》
　里が蛉瀬羽《さとぅがあけずばに》
　御衣よらすね《んしゅゆしらに》

歌詞に出てくる〝読《ゆみ》〟は、織り幅に入る縦糸の本数を示した布目の密度の単位で、一読は糸八十本。七読は普段着用の布で、二十読は上布を意味する。歌詞全体の大意としては、「七読二十読の細い綛（糸）を掛け、愛しいあなたのために、トンボの羽のような美しい布を織って差し上げたい」となる。

〝いろはがるた〟のお仕舞は、〝ん〟の字で始まる言葉がないので〝京〟で代用するのが本来なのだが、かつての琉球の乙女に倣い、読者の皆さんに、美女切手を種々ならべた綺麗な本をお届けしたいとの思いを込めて、最後は〝ん〟で始まる「御衣よらすね」の札で〆させてもらったという次第。

…………

日本郵趣出版の落合宙一社長から、日本切手と美女を題材とした文章を書いてみないかというオファーを頂戴し、二つ返事でお引き受けしたのは、

あさきゆめみしゑひもせすん

ん

1975.7.19発行　沖縄国際海洋博覧会記念
「沖縄舞踊」
C690

平成26年（2014）夏のことだった。

もっとも、ただ単に日本切手を並べて解説しただけでは面白くない。そこで、いろいろ考えた挙句、美女切手を絵札とした〝いろはがるた〟をつくって、それに合わせたエッセイを、週に一度、ウェブサイトの〝スタマガネット〟で連載しようという話になった。

いろは47文字にあわせて、毎週一つずつコラムを書いていけば、完結するまでほぼ一年。連載の規模としてもちょうどいい。

そこで、20本ほどのストックを書き溜めたところで、平成26年12月からウェブでの連載を始めたのだが、配信開始後、読者の方から、予想をはるかに上回る反響があり、とんとん拍子に書籍化が決定。どうせなら、春のさくらの季節には刊行したいという話になり、僕自身の48歳の誕生日となる平成27年（2015）1月22日までに（＝47歳のうちに）、（公財）通信文化協会の雑誌『通信文化』に連載中の「切手歳時記」の既出コラムからも何本かリライトしたものを加えて、本書ができあがった。

なお、紙幅の制約に加え、本書はいわゆる研究書・専門書の類ではなく、肩の凝らないエッセイ集であるということから、参考文献はつけなかった。あしからずご了承いただきたい。

末筆ながら、本書の制作にあたっては、日本郵趣出版の落合宙一社長、編集部の田中里香さん、デザイナーの三浦久美子さん、書家の原鴻茱さんに、大変お世話になったことを記して、筆を擱く。

平成27年2月19日　乙未の旧正月

著者しるす

＊本誌掲載の切手をはじめ、10,000点以上の切手や郵趣用品は、郵趣サービス社で販売しています。
112ページ下でご案内の「スタマガネット」にアクセスしてください。

著者プロフィール
内藤陽介
（ないとう・ようすけ）

1967年、東京都生。東京大学文学部卒業。郵便学者。日本文芸家協会会員。フジインターナショナルミント株式会社・顧問。国際郵趣連盟およびアジア郵趣連盟審査員。
切手等の郵便資料から国家や地域のあり方を読み解く「郵便学」を提唱し研究・著作活動を続けている。

主な著書
『解説・戦後記念切手』（全７巻＋別冊１）
　日本郵趣出版 2001－09年
『年賀状の戦後史』 角川oneテーマ21 2011年
『朝鮮戦争』 えにし書房 2014年 など。

＊http://yosukenaito.blog40.fc2.com/

日《ひ》の本《もと》切手《きって》 美女《びじょ》かるた
2015年 3月 25日 初版第1刷発行

著　　者 内藤陽介
発　　行 株式会社 日本郵趣出版
〒171-0031 東京都豊島区目白1-4-23
切手の博物館4階
電話 03-5951-3416（編集部直通）
発 売 元 株式会社 郵趣サービス社
〒168-8081 東京都杉並区上高井戸3-1-9
題　　字 原 鴻茱
装　　丁 三浦久美子
印刷・製本 シナノ印刷株式会社

平成27年2月10日 郵模第 2507号

ISBN978-4-88963-780-9　C0076

切手索引

切手ビジュアル・シリーズ 勢ぞろい！

日本郵趣出版の本

アートトラベルシリーズ
切手でアートを楽しむ新しい本

切手と旅する京都
A5判・128ページ
本体価 2,050円+税

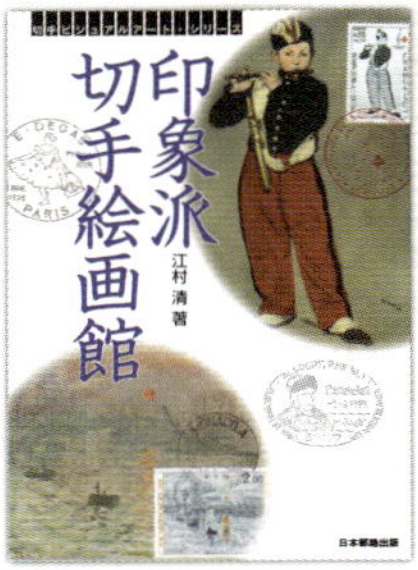

印象派切手絵画館
A5判・128ページ
本体価 2,000円+税

故宮100選 國立故宮博物院
A5判・128ページ
本体価 2,200円+税

ビジュアル世界切手国名事典
オールカラーの外国切手案内

中東・アフリカ編
A5判・120ページ
本体価 1,600円+税

アジア・オセアニア編
A5判・112ページ
本体価 1,500円+税

ヨーロッパ・アメリカ編
A5判・176ページ
本体価 1,300円+税

日本郵趣協会の本

ビジュアル日本切手カタログ
コラム満載！読む切手図鑑

Vol.3 年賀・グリーティング切手編
A5判・344ページ
本体価 1,780円+税

Vol.2 ふるさと・公園・沖縄切手編
A5判・340ページ
本体価 1,440円+税

Vol.1 記念切手編 1894-2000
A5判・310ページ
本体価 1,400円+税

お求めは書店・切手店で
通信お求め 〒168-8081（当社専用番号） 郵趣サービス社
日・月・祝 定休

いますぐアクセス！
●ご注文専用 TEL 03-3304-0111　●お問い合せ TEL 03-3304-0112　FAX 03-3304-5318
●ご注文・お問い合せは、スタマガネット…http://www.stamaga.net/
JPS　J-DMA　社団法人日本通信販売協会会員